21世纪高等职业教育信息技术类规划教材

21 Shiji Gaodeng Zhiye Jiaoyu Xinxi Jishulei Guihua Jiaocai

大学计算机基础上机指导
（Windows XP+Office 2007）

DAXUE JISUANJI JICHU SHANGJI ZHIDAO

高长铎 主编　白秀轩 施风芹 副主编

人民邮电出版社

北 京

图书在版编目（C I P）数据

大学计算机基础上机指导：Windows XP+Office 2007 /
高长铎主编. —北京：人民邮电出版社，2009.6
21世纪高等职业教育信息技术类规划教材
ISBN 978-7-115-20683-1

Ⅰ. 大… Ⅱ. 高… Ⅲ. ①窗口软件，Windows XP—高等
学校：技术学校—教学参考资料②办公室—自动化—应
用软件，Office 2007—高等学校：技术学校—教学参考
资料 Ⅳ. TP316.7 TP317.1

中国版本图书馆CIP数据核字（2009）第050125号

内 容 提 要

本书是《大学计算机基础（Windows XP + Office 2007）》一书的配套教材，内容包括 Windows XP 中文版、Word 2007 中文版、Excel 2007 中文版、PowerPoint 2007 中文版、常用工具软件、Internet Explorer 7.0、Outlook Express 等的上机指导。

本书针对《大学计算机基础（Windows XP + Office 2007）》一书的每一章，精心编排了相应的上机操作题，并给出了详尽的操作步骤。书中的上机操作目标明确、生动活泼，操作步骤严谨准确、清晰明了。

本书适合作为高等职业院校"大学计算机文化基础"课程的上机指导教材，也可作为计算机初学者的自学参考书。

21 世纪高等职业教育信息技术类规划教材

大学计算机基础上机指导（Windows XP + Office 2007）

◆ 主　　编　高长铎
　　副 主 编　白秀轩　施风芹
　　责任编辑　潘春燕
　　执行编辑　刘　琦

◆ 人民邮电出版社出版发行　　北京市崇文区夕照寺街 14 号
　　邮编　100061　　电子函件　315@ptpress.com.cn
　　网址　http://www.ptpress.com.cn
　　北京艺辉印刷有限公司印刷

◆ 开本：787×1092　1/16
　　印张：9.5
　　字数：232 千字　　　　　　　2009 年 6 月第 1 版
　　印数：1 – 3 000 册　　　　　2009 年 6 月北京第 1 次印刷

ISBN 978-7-115-20683-1/TP

定价：17.00 元

读者服务热线：**(010)67170985**　印装质量热线：**(010)67129223**
反盗版热线：**(010)67171154**

前　言

随着计算机技术和网络技术的快速发展和广泛应用，计算机逐渐成为人们学习、工作和生活中不可或缺的工具，掌握计算机的基础知识和基本操作技能，已成为当今社会各行从业人员必须具备的能力。

高等职业院校担负着培养社会应用型人才的重任，"大学计算机基础"是高等职业院校各专业的公共基础课，该课程要求学生掌握计算机的基本知识，熟练使用常用计算机软件，为学习后续课程以及将来从事各项工作打下坚实的基础。

本书是《大学计算机基础（Windows XP + Office 2007）》一书的配套教材，针对《大学计算机基础（Windows XP + Office 2007）》一书的每一章，精心编排了相应的上机操作题，并给出了详尽的操作步骤。

本书直接面向高等职业院校的教学，充分考虑了高等职业院校教师和学生的实际需求，叙述简洁明了，用例经典恰当，使教师教起来方便，学生学起来实用。

为配合"大学计算机基础"课程的教学，本书作为上机指导书，建议上机课时为 32 课时，各章的参考学时参见下面的学时分配表。

章　节	课 程 内 容	学 时 分 配	
		讲　课	上　机
第 1 章	计算机基础知识	4	0
第 2 章	中文 Windows XP	8	4
第 3 章	中文 Word 2007	14	8
第 4 章	中文 Excel 2007	14	8
第 5 章	中文 PowerPoint 2007	12	4
第 6 章	常用工具软件	6	4
第 7 章	Internet 应用基础	6	4
课 时 总 计		64	32

本书由高长铎任主编，白秀轩、施风芹任副主编，参加编写工作的还有沈精虎、黄业清、宋一兵、谭雪松、向先波、冯辉、郭英文、计晓明、董彩霞、滕玲、郝庆文等。由于作者水平有限，书中难免存在疏漏之处，敬请各位老师和同学指正。

编　者
2009 年 3 月

目 录

第1章 计算机基础知识

【实验目的】
- 熟悉计算机的硬件组成。
- 掌握计算机各部件的连接方法。

1.1 预备知识

一、 计算机的硬件组成

台式计算机主要由主机箱、显示器、键盘、鼠标组成，还可以配备音箱和打印机等其他外部设备，如图 1-1 所示。

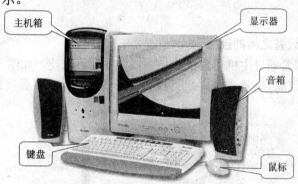

图1-1 台式计算机

二、 主机箱内的硬件组成

主机箱主要由电源、主板、光驱、硬盘等组成，如图 1-2 所示。

图1-2 主机箱

三、 主板的组成

主板也称系统主板或母板，是一块电路板，用来控制和驱动整个微型计算机，是微处理器与其他部件连接的桥梁，如图 1-3 所示。系统主板主要包括 CPU 插座、内存插槽、AGP 显卡插座、PCI 总线扩展槽、外设接口插座、串行和并行接口等几部分。

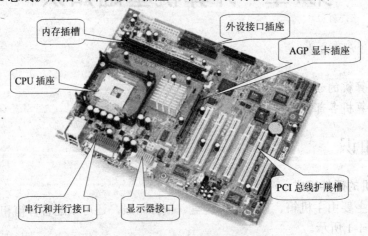

图1-3 主板

四、 计算机各设备之间的连接

计算机各设备通常通过主机箱背板的相应接口与主机相连，如图 1-4 所示。这些接口包括键盘接口、鼠标接口、显示器接口、USB 接口、网络接口、音频接口、打印机接口等。

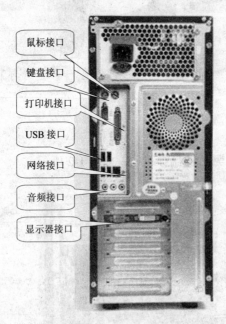

图1-4 主机箱背板

五、 主机箱面板

主机箱面板有多个按钮、指示灯和接口，通常包括光驱按钮、电源开关按钮、重启动按钮、电源指示灯、硬盘指示灯、USB 接口、耳机接口、话筒接口等，如图 1-5 所示。

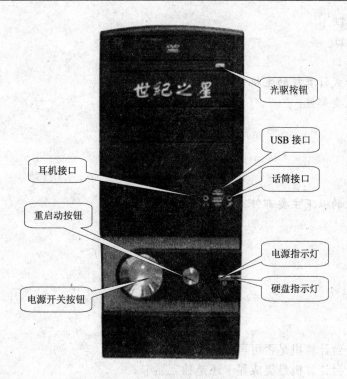

图1-5　主机箱面板

1.2　实验内容

1.　观察一台台式计算机，进行以下操作。

(1)　认识以下主要设备。
- 主机箱。
- 显示器。
- 键盘。
- 鼠标。

(2)　认识以下主要设备的连接。
- 显示器与主机箱的连接。
- 键盘与主机箱的连接。
- 鼠标与主机箱的连接。
- 打印机与主机箱的连接。
- 音箱与主机箱的连接。

(3)　认识以下主机箱面板上的功能部件。
- 光驱按钮。
- 电源开关按钮。
- 重新启动按钮。
- 电源指示灯。
- 硬盘指示灯。

- 耳机接口。
- 话筒接口。
- USB 接口。

2. 打开一台台式计算机的主机箱，进行以下操作。

(1) 认识以下主要部件。

- 电源。
- 主板。
- 硬盘。
- 光驱。

(2) 认识主板上的以下主要部件。

- CPU。
- 内存条。
- 显卡。
- 声卡。
- 网卡。

【思考与练习】

1. 如何判断一台计算机是否可再扩展内存？
2. 如何判断一台计算机是集成显卡还是独立显卡？
3. 如何判断一台计算机是集成网卡还是独立网卡？
4. 如何区分键盘接口和鼠标接口？

第2章 中文 Windows XP

2.1 实验一 Windows XP 的基本操作

【实验目的】
- 掌握中文 Windows XP 的启动与退出。
- 掌握鼠标的基本操作。
- 掌握程序的启动与退出。
- 掌握窗口的基本操作。

2.1.1 启动中文 Windows XP

启动中文 Windows XP 的操作步骤如下。

1. 按下主机箱面板上的电源开关，计算机进行开机自检，自检无错误后，自动加载 Windows XP 操作系统。

2. 如果 Windows XP 设有用户名和密码，按照机房管理员的设置，输入用户名和密码，登录 Windows XP。成功登录后，出现如图 2-1 所示的桌面。

图2-1 Windows XP 操作系统的桌面

3. Windows XP 启动完成后，观察并认识桌面的以下内容。
- 桌面图标。
- 【开始】按钮。
- 快速启动区。
- 任务按钮区。
- 通知区。

2.1.2 鼠标的使用

在桌面上完成以下鼠标操作。

1. 将鼠标光标移动到桌面上的【我的电脑】图标上停留 1～2s 后，会看到相应的提示信息，如图 2-2 所示。

2. 单击桌面上的【回收站】图标，图标名称的底色会变成蓝色，如图 2-3 所示。

图2-2 桌面图标的提示信息　　　　　　　　　　　　　　　　　图2-3 桌面图标被单击前后效果

3. 双击桌面上的【回收站】图标，会打开【回收站】窗口，如图 2-4 所示。此时任务栏上会增加一个【回收站】任务按钮，如图 2-5 所示。

图2-4 【回收站】窗口

图2-5 任务栏上的【回收站】任务按钮

4. 拖曳桌面上的【回收站】图标到另外一个位置，会改变图标的位置，如图 2-6 所示。

5. 在【回收站】图标上单击鼠标右键，会弹出一个快捷菜单，如图 2-7 所示。

6. 按住鼠标右键拖曳【回收站】图标到桌面的另外一个位置，会弹出一个快捷菜单，如图 2-8 所示。

 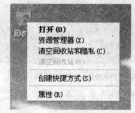 

图2-6 改变桌面图标的位置　　　　图2-7 单击鼠标右键弹出的快捷菜单　　　　图2-8 按住鼠标右键拖曳弹出的快捷菜单

2.1.3 启动记事本程序

选择【开始】/【程序】/【附件】/【记事本】命令，会打开【记事本】窗口，如图 2-9 所示。此时任务栏上会增加一个【记事本】任务按钮，如图 2-10 所示。

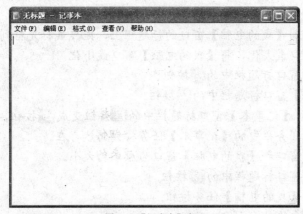

图2-9　【记事本】窗口

图2-10　任务栏上的【记事本】任务按钮

2.1.4　窗口操作

1.　打开【我的电脑】窗口。

如果桌面上有【我的电脑】图标，双击该图标即可；也可选择【开始】/【我的电脑】
命令。

2.　将【记事本】切换为当前窗口。

单击【记事本】窗口上的任意位置，或单击任务栏上的【记事本】任务按钮。此时桌
面上窗口的排列如图 2-11 所示。

图2-11　桌面上窗口的排列

3.　改变【记事本】窗口的大小，使其约为桌面大小的 1/4。

将鼠标光标移动到【记事本】窗口的右下角，当鼠标光标变成 ↖ 形状时，拖曳鼠标光
标到合适的位置。

4. 将【我的电脑】窗口移动到桌面的右上角。

    将鼠标光标移动到【我的电脑】窗口的标题栏上，拖曳鼠标光标到合适的位置。

5. 将【记事本】窗口最大化，将【我的电脑】窗口最小化。

(1) 单击【记事本】窗口标题栏中的  按钮。

(2) 单击【我的电脑】窗口标题栏中的 按钮。

(3) 完成以上操作后，【记事本】窗口标题栏中的 按钮变成 按钮，【我的电脑】窗口从桌面上消失，但任务栏中的【记事本】任务按钮仍然存在。

6. 还原【记事本】窗口和【我的电脑】窗口为原来的大小。

(1) 单击【记事本】窗口标题栏中的 按钮。

(2) 单击任务栏上的【我的电脑】任务按钮。

7. 将打开的窗口横向平铺。

(1) 右键单击任务栏的空白处，弹出如图 2-12 所示的快捷菜单。

(2) 从快捷菜单中选择【横向平铺窗口】命令，此时桌面如图 2-13 所示。

图2-12　快捷菜单

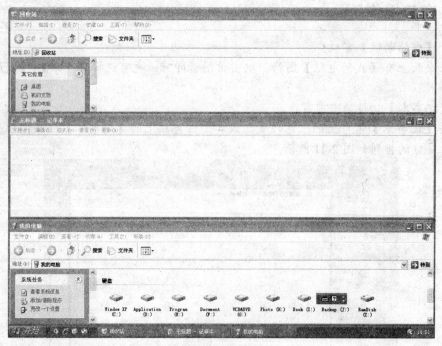

图2-13　横向平铺窗口

8. 撤销窗口的横向平铺。

(1) 右键单击任务栏的空白处，弹出如图 2-14 所示的快捷菜单。

(2) 从快捷菜单中选择【撤销平铺】命令。

9. 单击【回收站】窗口标题栏中的 按钮，关闭【回收站】窗口。

10. 单击【记事本】窗口标题栏中的 按钮，关闭【记事本】窗口。

11. 单击【我的电脑】窗口标题栏中的 按钮，关闭【我的电脑】窗口。

图2-14　快捷菜单

12. 关闭中文 Windows XP。

(1) 单击任务栏左下角的 ![开始] 按钮。

(2) 在打开的【开始】菜单中选择【关闭计算机】命令。

(3) 在弹出的【关闭计算机】对话框中单击 ⓞ 按钮，关闭计算机。

【思考与练习】

1. 如何将打开的窗口纵向平铺？
2. 除了实验中提到的关闭窗口方法外，还有哪些关闭窗口的方法？
3. 除了实验中提到的关机方法外，还有哪些关机的方法？

2.2 实验二 键盘指法与打字练习

【实验目的】

- 掌握键盘打字的正确姿势。
- 掌握键盘打字的击键方法。
- 掌握键盘打字的标准指法。
- 熟练进行英文打字。

2.2.1 预备知识

在文字输入时，为了以最快的速度敲击键盘上的每个键位，人们对双手的 10 个手指进行了合理的分工，每个手指负责一部分键位。当输入文字时，遇到哪个字母、数字或标点符号，便用负责该键的手指敲击相应的键位，这便是键盘指法。经过这样合理地分配，再加上读者有序地练习，当能够"十指如飞"地敲击各个键位时，就是一个文字录入高手了。

一、 基准键位

在打字键区的正中央有 8 个键位，即左边的 Ⓐ、Ⓢ、Ⓓ、Ⓕ 键和右边的 Ⓙ、Ⓚ、Ⓛ、﹔键，这 8 个键被称作基准键。其中，Ⓕ、Ⓙ 2 个键的键面上都有一个凸起的小横杠，以便于盲打时手指能通过触觉定位。开始打字时，左手的小指、无名指、中指和食指应分别虚放在 Ⓐ、Ⓢ、Ⓓ、Ⓕ 键上，右手的食指、中指、无名指和小指分别虚放在 Ⓙ、Ⓚ、Ⓛ、﹔键上，2 个大拇指则虚放在 Ⓢⓟⓐⓒⓔ 键上，如图 2-15 所示。

图2-15 手指的基准键位

基准键是打字时手指所处的基准位置，敲击其他任何键，手指都是从这里出发，而且打完后必须立即退回到基准键上。

二、 键位的手指分工

除了 8 个基准键外，人们对主键盘上的其他键位也进行了分工，每个手指负责一部分，如图 2-16 所示。

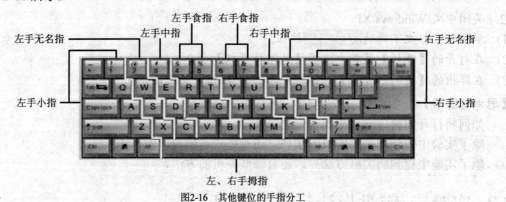

图2-16 其他键位的手指分工

(1) 左手分工。

- 小指负责的键：`1`、`Q`、`A`、`Z`和这些键位左边所有的键。
- 无名指负责的键：`2`、`W`、`S`、`X`。
- 中指负责的键：`3`、`E`、`D`、`C`。
- 食指负责的键：`4`、`R`、`F`、`V`与`5`、`T`、`G`、`B`。

(2) 右手分工。

- 小指负责的键：`0`、`P`、`;`、`/`和这些键位右边所有的键。
- 无名指负责的键：`9`、`O`、`L`、`.`。
- 中指负责的键：`8`、`I`、`K`、`,`。
- 食指负责的键：`7`、`U`、`J`、`M`与`6`、`Y`、`H`、`N`。

(3) 大拇指。

大拇指专门负责敲击`Space`键。当左手击完字符键需击`Space`键时，用右手大拇指；反之，则用左手大拇指。

经过如图 2-16 所示的划分，整个主键盘的手指分工就一清二楚了。无论敲击任何键，只需将手指从基准键位移到相应的键上，正确输入后，再返回基准键位即可。

三、 数字键盘的手指分工

财会人员使用计算机录入票据上的数字时，一般都使用数字键盘即小键盘区。这是因为数字键盘的数字和编辑键位比较集中，操作起来非常顺手。而且通过一定的指法练习后，可以一边用左手翻票据，一边用右手迅速地录入数字，从而提高工作效率。

使用数字键盘录入数字时，主要由右手的 5 个手指负责，如图 2-17 所示。它们的具体分工如下。

- 小指负责的键：`-`、`+`、`Enter`。
- 无名指负责的键：`*`、`9 PgUp`、`6`、`3 PgDn`、`Del`。
- 中指负责的键：`/`、`8`、`5`、`2`。
- 食指负责的键：`7 Home`、`4`、`1 End`。
- 大拇指负责的键：`0 Ins`。

四、 打字的正确姿势

打字的第一步是要有一个正确的操作姿势，如图 2-18 所示，这对初学者来说是至关重要的。因为只有保持正确的姿势才可以做到稳、准、快地敲击键盘，同时在输入的过程中也不容易疲劳，这样，文字的输入速度自然也就大大加快了。

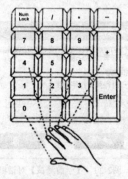

图2-17　数字键盘指法

图2-18　正确的打字姿势

正确的键盘操作姿势要求如下。

(1)　坐姿。
- 身体平坐，且将重心置于椅子上，腰背要挺直，身体稍偏于键盘右方，两脚自然平放在地上。
- 身体向前微微倾斜，身体与键盘保持约 20cm 的距离。

(2)　臂、肘和手腕的位置。
- 两肩放松，大臂自然下垂，肘与腰部的距离为 5～10cm。
- 小臂与手腕略向上倾斜，手腕切忌向上拱起，手腕与键盘下边框保持 1cm 左右的距离。

(3)　手指的位置。
- 手掌以手腕为轴略向上起，手指略微弯曲。
- 手指自然下垂，虚放在基准键位上，左右手拇指虚放在 Space 键上。

(4)　输入时的要求。
- 将位于显示器正前方的键盘右移 5cm。
- 书稿稍斜放在键盘的左侧，使视线和字行成平行线。
- 打字时，不看键盘，只专注书稿和屏幕。
- 稳、准、快地击键。

2.2.2　通过金山打字通 2008 完成英文打字练习

金山打字通 2008 是一款免费软件，可在金山打字通官方网站中下载并安装。

1.　安装金山打字通 2008 后，选择【开始】/【所有程序】/【金山打字通 2008】/【金山打字通 2008】命令，可运行金山打字通 2008。运行后弹出如图 2-19 所示的【用户信息】对话框。

2.　在【用户信息】对话框中，如果【双击现有用户名可直接加载】列表框中有自己的用户名，双击该用户名，即可直接加载该用户，并进入打字练习。否则，可在【请输入用户名并按 Enter 键可添加新用户】文本框中输入相应的用户名，然后单击 加载 按钮，进入打字练习。

3. 进入打字练习时，系统会弹出如图 2-20 所示的【学前测试】对话框，以确认是否进行学前测试。通常单击 否 按钮，跳过学前测试，进入金山打字通 2008 主窗口，如图 2-21 所示。

图2-19 【用户信息】对话框

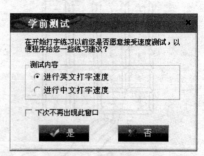

图2-20 【学前测试】对话框

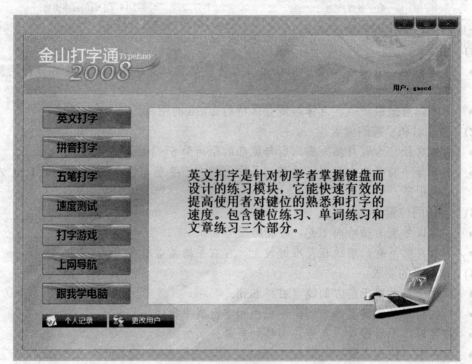

图2-21 金山打字通 2008 主窗口

4. 在金山打字通 2008 主窗口中，单击 英文打字 按钮，进入英文打字练习窗口，即可进行英文打字练习。按照对键盘的熟练程度，英文打字练习分为 4 个阶段的练习：键位初级练习、键位高级练习、单词练习、文章练习。

(1) 键位初级练习。

在英文打字练习窗口中，切换到【键位练习（初级）】选项卡，进入键位初级练习窗口，如图 2-22 所示。在该窗口中，给出了要练习键位上的字符（5 个），同时给出了一个键盘的模型、该键位在键盘上的位置以及打字时所使用手指的提示。单击 课程选择 按钮，可选择要练习的键位。单击 数字键盘 按钮，可进行数字键盘练习。

图2-22 键位初级练习窗口

(2) 键位高级练习。

在英文打字练习窗口中，切换到【键位练习（高级）】选项卡，进入键位高级练习窗口，如图 2-23 所示。在该窗口中，给出了要练习键位上的字符，同时给出了一个键盘的模型以及该键位在键盘上的位置。单击 ▌课程选择 按钮，可选择要练习的键位。

图2-23 键位高级练习窗口

(3) 单词练习。

在英文打字练习窗口中，切换到【单词练习】选项卡，进入单词练习窗口，如图 2-24 所示。在该窗口中，给出了要练习的若干单词，同时给出了一个键盘的模型以及当前字符在键盘上的位置。单击 ▌课程选择 按钮，可选择要练习的词库。

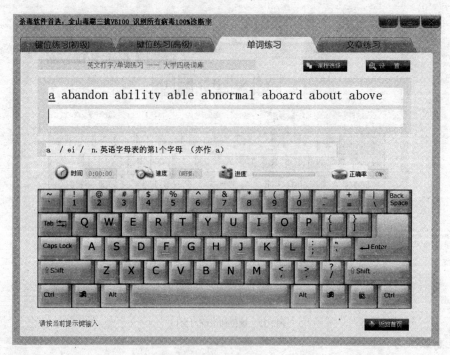

图2-24　单词练习窗口

(4) 文章练习。

在英文打字练习窗口中，切换到【文章练习】选项卡，进入文章练习窗口，如图 2-25 所示。在该窗口中，给出了要练习的一篇文章以及当前字符在文章中的位置。单击 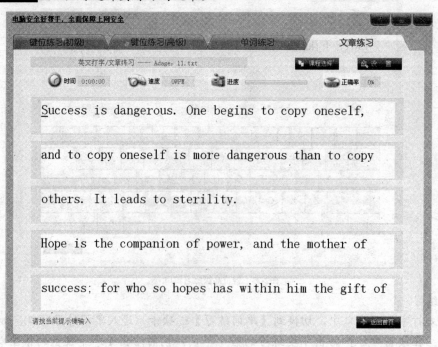按钮，可选择要练习的文章。

图2-25　文章练习窗口

2.3　实验三　文字输入练习

【实验目的】
- 掌握汉字输入法的选择方法。
- 掌握智能 ABC 输入法的状态切换方法。
- 掌握智能 ABC 输入法的汉字输入规则。
- 掌握智能 ABC 输入法的中文标点符号输入。
- 掌握智能 ABC 输入法的特殊符号输入。

2.3.1　利用金山打字通 2008 进行拼音打字练习

1. 在金山打字通 2008 主窗口中，单击 拼音打字 按钮，进入拼音打字练习窗口。
2. 在拼音打字练习窗口中，切换到【音节练习】选项卡，进入音节练习窗口，如图 2-26 所示。该窗口给出了拼音打字练习的音节，同时给出了 1 个键盘的模型以及当前字符在键盘上的位置。单击 课程选择 按钮，可选择要练习的音节。本例主要练习拼音的音节，不需要打开汉字输入法。

图2-26　音节练习窗口

3. 在拼音打字练习窗口中，切换到【词汇练习】选项卡，进入词汇练习窗口，如图 2-27 所示。在该窗口中，给出了要练习的词汇。单击 课程选择 按钮，可选择要练习的词汇。本例需要打开汉字输入法。
4. 在拼音打字练习窗口中，切换到【文章练习】选项卡，进入文章练习窗口，如图 2-28 所示。在该窗口中，给出了要练习的文章。单击 课程选择 按钮，可选择要练习的文章。本例需要打开汉字输入法。

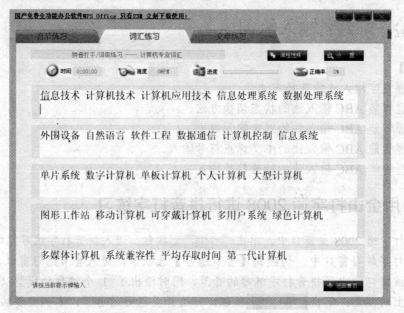

图2-27　词汇练习窗口

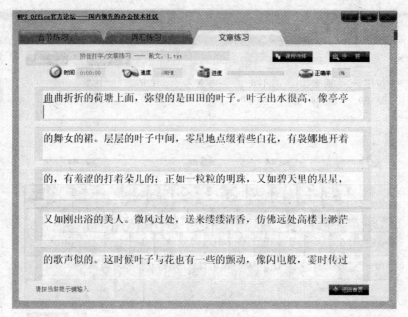

图2-28　文章练习窗口

2.3.2　练习在记事本中输入特殊符号

在记事本中输入以下内容。

① 将 100ml 的 50℃的水与 200ml 的 100℃的水混合后的温度是多少？

② 某城市人口增长率是 0.3%，多少年后人口将增长一倍？

③ 已知△ABC∽△DEF，∠ABC=90°，求证 DE⊥EF。

④ 怎样才能使Ⅲ×Ⅲ=ⅩⅠ成立（翻过来或转过来）？

2.3.3 练习在记事本中输入中英文

在记事本中输入以下内容。

STUDIES 论学问

培根 著 水天同 译

Studies serve for delight, for ornament, and for ability.

读书为学的用途是娱乐、装饰和增长才识。

Their chief use for delight is in privateness and retiring; for ornament, is in discourse; and for ability, is in the judgment, and disposition of business.

在娱乐上学问的主要用处是幽居养静；在装饰上学问的用处是辞令；在长才上学问的用处是对事务的判断和处理。

For expert men can execute, and perhaps judge of particulars, one by one; but the general counsels, and the plots and marshalling of affairs, come best, from those that are learned.

因为富于经验的人善于执行，也许能够对个别的事情一件一件地加以判断；但是最好的有关总体的建议和对事务的计划与布置来自于有学问的人。

To spend too much time in studies is sloth; to use them too much for ornament, is affectation; to make judgment wholly by their rules, is the humor of a scholar.

在学问上费时过多是偷懒；把学问过于用作装饰是虚假；完全依学问上的规则而断事是书生的怪癖。

They perfect nature, and are perfected by experience; for natural abilities are like natural plants, that need pruning by study; and studies themselves, do give forth directions too much at large, except they be bounded in by experience.

学问锻炼天性，而其本身又受经验的锻炼；人的天赋有如野生的花草，他们需要学问的修剪；而学问的本身，若不受经验的限制，则其所指示的未免过于笼统。

Crafty men contemn studies, simple men admire them, and wise men use them; for they teach not their own use; but that is a wisdom without them, and above them, won by observation.

多诈的人蔑视学问，愚鲁的人羡慕学问，聪明的人运用学问；因为学问的本身并不教人如何用它们；这种运用之道乃是学问以外、以上的一种智慧，是由观察体会才能得到的。

Read not to contradict and confute; nor to believe and take for granted; nor to find talk and discourse; but to weigh and consider.

不要为了辩驳而读书，也不要为了信仰与盲从；也不要为了言谈与议论；要以能权衡轻重、审察事理为目的。

Some books are to be tasted, others to be swallowed, and some few to be chewed and digested; that is, some books are to be read only in parts; others to be read, but not curiously; and some few to be read wholly, and with diligence and attention.

有些书可供一尝，有些书可以吞咽，有不多的几部书则应当咀嚼消化；这就是说，有些书只要读读他们的一部分就够了，有些书可以全读，但是不必过于细心地读；还有不多的几部书则应当全读、勤读，而且用心地读。

Some books also may be read by deputy, and extracts made of them bothers; but that would be only in the less important arguments, and the meaner sort of books, else distilled books are like common distilled waters, flashy things.

有些书也可以请代表去读，并且由别人替我做出摘要来；但是这种办法只适于次要的议论和次要的书籍；否则录要的书就和蒸馏的水一样，都是无味的东西。

Reading make a full man; conference a ready man; and writing an exact man.

阅读使人充实，会谈使人敏捷，写作与笔记使人精确。

And therefore, if a man write little, he had need have a great memory; if he confer little, he had need have a present wit: and if he read little, he had need have much cunning, to seem to know, that he doth not.

因此，如果一个人写得很少，那么他就必须有很好的记性；如果他很少与人会谈，那么他就必须有很敏捷的机智；并且假如他读书读得很少的话，那么他就必须要有很大的狡黠之才，才可以强不知以为知。

Histories make men wise; poets witty; the mathematics subtle; natural philosophy deep; moral grave; logic and rhetoric able to contend. Abound studies in mores.

读史使人明智，读诗使人灵秀，数学使人周密，科学使人深刻，伦理学使人庄重，逻辑修辞之学使人善辩。凡有所学，皆成性格。

Nay, there is no stand or impediment in the wit, but may be wrought out by fit studies; like as diseases of the body, may have appropriate exercises.

不特如此，精神上的缺陷没有一种是不能由相当的学问来补救的：就如同肉体上各种的病患都有适当的运动来治疗似的。

Bowling is good for the reins; shooting for the lungs and breast; gentle walking for the stomach; riding for the head; and the like.

踢球有益于肾脏，射箭有益于胸肺，缓步有益于胃，骑马有益于头脑，诸如此类。

So if a man's wit be wandering, let him study the mathematics; for in demonstrations, if his wit be called away never so little, he must begin again.

同此，如果一个人心志不专，他顶好研究数学，因为在数学的证理之中，如果他的精神稍有不专，他就非从头再做不可。

If his wit be not apt to distinguish or find differences, let him study the Schoolmen; for they are mini sectors.

如果他的精神不善于辨别异同，那么他最好研究经院学派的著作，因为这一派的学者是条分缕析的人。

If he be not apt to beat over matters, and to call up one thing to prove and illustrate another, let him study the lawyers' cases.

如果他不善于推此知彼，旁征博引，他顶好研究律师们的案卷。

So every defect of the mind, may have a special receipt.

如此看来，精神上各种的缺陷都可以有一种专门的补救之方了。

【思考与练习】

1. 目前有哪些流行的优秀汉字输入法软件？
2. 汉字输入过程中，使用词组输入有哪些好处？
3. 常用的汉字标点符号有哪些？如何输入？

2.4 实验四 文件与文件夹操作

【实验目的】

- 掌握资源管理器的使用方法。
- 掌握文件与文件夹的常用操作的方法。
- 掌握创建快捷方式的方法。
- 掌握在计算机中搜索文件和文件夹的方法。

2.4.1 查看文件与文件夹

操作步骤如下。

1. 在资源管理器中打开"C:\WINDOWS"文件夹，统计该文件夹下有多少个对象，再统计其中有多少个文件夹、多少个文件。

(1) 选择【开始】/【所有程序】/【附件】/【Windows 资源管理器】命令，打开资源管理器，默认进入【我的文档】窗口，如图 2-29 所示。

(2) 选择【查看】/【状态栏】命令，使资源管理器的底部出现状态栏。

(3) 单击【我的电脑】左边的⊞图标，然后依次选择【Windows XP（C:）】/【WINDOWS】选项，打开"C:\WINDOWS"文件夹，这时的资源管理器如图 2-30 所示。

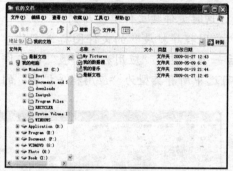

图2-29 资源管理器

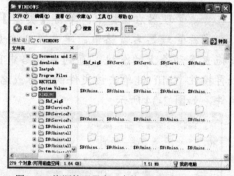

图2-30 资源管理器窗口中的"Windows"文件夹

 在资源管理器的状态栏中，显示"279 个对象"，这表明该文件夹下总共有 279 个对象。需要注意的是，"C:\WINDOWS"文件夹中的内容不是一成不变的，随着用户对 Windows 的使用、更新、设置以及软件安装的不同而不同。前面给出的"279 个对象"，仅仅是对作者的计算机而言的，不具有普遍意义。

(4) 在资源管理器的右窗格中，单击第 1 个文件夹图标，再拖曳滚动条上的滑块，直到右窗格中出现最后一个文件夹图标，再按住 Shift 键单击该图标，可选中所有的文件夹，如图 2-31 所示。

在资源管理器的状态栏中，显示"选定 204 个对象"，这表明该文件夹下共有 204 个文件夹，同样该数不具有普遍意义。由此，我们可以算出，"C:\WINDOWS"文件夹中有 279－204=75 个文件。

2. 找出"C:\WINDOWS\system"文件夹中最小的文件和最大的文件，查看并统计出类型为"应用程序扩展"的文件有多少。

(1) 在资源管理器左窗格中，选择【WINDOWS】/【system】选项，打开"C:\WINDOWS\ system"文件夹。

(2) 选择【查看】/【详细信息】命令，这时资源管理器如图 2-32 所示。

图2-31 在资源管理器中选定了所有的文件夹

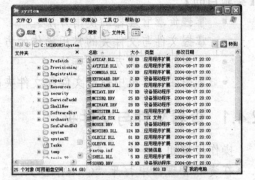
图2-32 资源管理器中显示详细信息

(3) 在资源管理器右窗格中，单击【大小】列标题，这时文件按其大小由小到大排序，如图 2-33 所示。

> **要点提示** 根据排序情况很容易找出最小的文件（排在最前面的文件）和最大的文件（排在最后面的文件）。需要注意的是，在图 2-33 中所示的"COMMDLG.DLL"文件不是最大的文件，因为它不是排在最后面的文件，此时通过拖曳滚动条滑块，才可看到最后一个文件。

(4) 在资源管理器右窗格中，单击【类型】列标题，这时文件按文件类型排列。

(5) 在资源管理器右窗格中，单击第 1 个类型为"应用程序扩展"的文件图标或名称，再拖曳滚动条上的滑块，直到右窗格中出现最后一个类型为"应用程序扩展"的文件，再按住 Shift 键单击该文件的图标或名称，即可选中所有类型为"应用程序扩展"的文件，如图 2-34 所示。

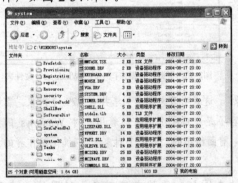
图2-33 资源管理器中按文件大小排序

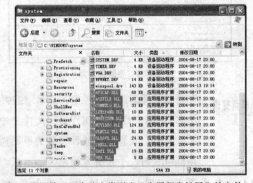
图2-34 资源管理器中选中类型为"应用程序扩展"的文件

> **要点提示** 此时在资源管理器的状态栏中，显示"选定 11 个对象"，这表明该文件夹下总共有 11 个类型为"应用程序扩展"的文件。

2.4.2 文件夹的操作

在开始实验前，首先在 C 盘根目录下建立"实验"文件夹，文件夹的结构与内容如图 2-35 所示。

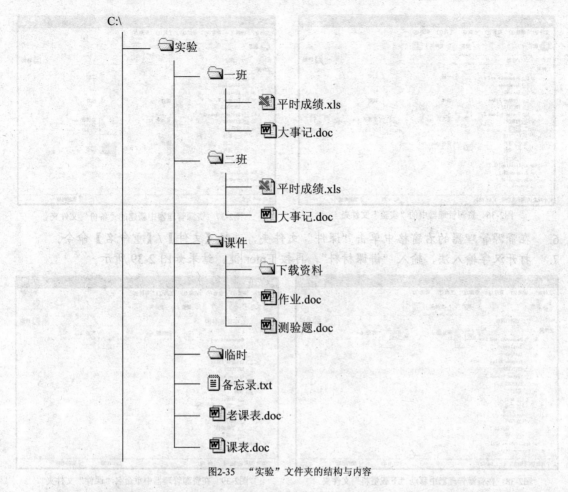

图2-35 "实验"文件夹的结构与内容

在以上目录结构图中，前面有 🗀 图标的项为文件夹，前面有 📄、📝 或 📊 图标的项为文件，文件的内容没有特别要求。操作要求如下。

- 在"实验"文件夹下创建"备份"文件夹。
- 移动"下载资料"文件夹到"实验"文件夹中。
- 把"课件"文件夹重命名为"讲课材料"。
- 把"一班"和"二班"文件夹复制到"备份"文件夹中。
- 删除"临时"文件夹。

操作步骤如下。

1. 打开资源管理器，单击【我的电脑】左边的⊞图标，打开"C:\实验"文件夹，这时的资源管理器如图 2-36 所示。

2. 选择【文件】/【新建】/【文件夹】命令，资源管理器窗口的右窗格中出现一个新文件夹，默认的名称是"新建文件夹"，并且名称后有鼠标光标闪动。

3. 打开汉字输入法，输入"备份"，再按 Enter 键，结果如图 2-37 所示。

4. 在资源管理器的左窗格中，单击"课件"文件夹图标左边的⊞图标。

5. 在展开的列表中，拖曳"下载资料"文件夹图标到"实验"文件夹图标上，即将该文件夹移动到"实验"文件夹下，结果如图 2-38 所示。

图2-36 资源管理器中的"实验"文件夹

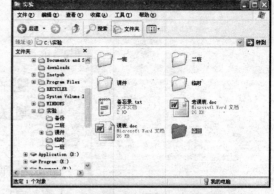

图2-37 资源管理器中新建的"备份"文件夹

6. 在资源管理器的右窗格中单击"课件"文件夹，选择【文件】/【重命名】命令。

7. 打开汉字输入法，输入"讲课材料"，再按 Enter 键，结果如图 2-39 所示。

图2-38 在资源管理器中移动"下载资料"文件夹

图2-39 在资源管理器中重命名"课件"文件夹

8. 在资源管理器的左窗格中，按住 Ctrl 键拖曳"一班"文件夹图标到"备份"文件夹图标上。

9. 按住 Ctrl 键拖曳"二班"文件夹图标到"备份"文件夹图标上。

10. 单击"备份"文件夹图标，结果如图 2-40 所示。

11. 单击"临时"文件夹，选择【文件】/【删除】命令，弹出如图 2-41 所示的【确认文件夹删除】对话框，单击 是(Y) 按钮，删除该文件夹。

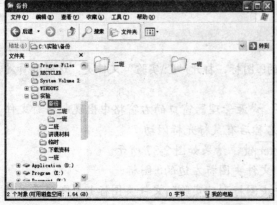

图2-40 资源管理器中复制"一班"和"二班"文件夹

图2-41 【确认文件夹删除】对话框

2.4.3 文件管理

继续上一实验，操作要求如下。

- 把"实验"文件夹下的"备忘录.txt"文件重命名为"人事记.txt"。
- 把"课表.doc"文件复制到"备份"文件夹中。
- 把"讲课材料"文件夹下的"作业.doc"文件移动到"实验"文件夹中。
- 把"实验"文件夹中的"课表.doc"文件删除。
- 恢复被删除的"课表.doc"文件。
- 彻底删除"老课表.doc"文件。

操作步骤如下。

1. 在资源管理器的左窗格中，选择"实验"文件夹下的"备忘录.txt"文件。
2. 选择【文件】/【重命名】命令，"备忘录.txt"文件名的最后出现一个鼠标光标。
3. 打开汉字输入法，把"备忘录"改为"大事记"，再按 Enter 键，结果如图 2-42 所示。
4. 在资源管理器的左窗格中，展开"实验"文件夹，然后按住 Ctrl 键拖曳"课表.doc"文件到"备份"文件夹。
5. 在资源管理器的左窗格中，展开"讲课材料"文件夹，拖曳"作业.doc"文件到"实验"文件夹上，此时"讲课材料"文件夹中的结果如图 2-43 所示。

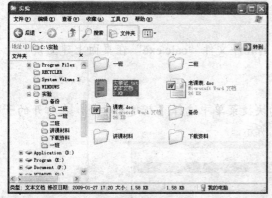
图2-42 在资源管理器中重命名文件

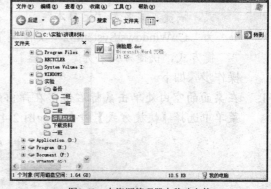
图2-43 在资源管理器中移动文件

6. 在资源管理器的左窗格中，单击"实验"文件夹，然后选择"课表.doc"文件，按 Delete 键，弹出如图 2-44 所示的【确认文件删除】对话框，单击 是(Y) 按钮。

图2-44 【确认文件删除】对话框

7. 在资源管理器的右窗格中，单击"老课表.doc"文件，按 Delete 键，在弹出的对话框中单击 是(Y) 按钮。
8. 在资源管理器的左窗格中，单击回收站图标，资源管理器如图 2-45 所示。
9. 在资源管理器的右窗格中，单击"课表.doc"文件，选择【文件】/【还原】命令，恢复被删除的"课表.doc"文件。

10. 单击"老课表.doc"文件，选择【文件】/【删除】命令，弹出如图 2-46 所示的【确认文件删除】对话框，单击 是(Y) 按钮，即可彻底删除该文件。

图2-45 资源管理器中的"回收站"文件夹

图2-46 【确认文件删除】对话框

2.4.4 建立快捷方式

操作要求如下。

- 为 "C:\Windows" 文件夹下的程序文件 "notepad.exe" 在桌面上建立快捷方式，快捷方式名为"记事本"。
- 为 "C:\Windows\System32" 文件夹下的程序文件 "calc.exe" 在桌面上建立快捷方式，快捷方式名为"计算器"。

操作步骤如下。

1. 在桌面的空白处单击鼠标右键，在弹出的快捷菜单中选择【新建】命令，在打开的子菜单中选择【快捷方式】命令，如图 2-47 所示。

图2-47 【快捷方式】命令

2. 执行以上操作后，弹出【创建快捷方式】对话框，如图 2-48 所示。
3. 在【创建快捷方式】对话框中，单击 浏览(R)... 按钮，在弹出的对话框中选择 "C:\WINDOWS" 文件夹中的 "notepad.exe" 文件，单击 下一步(N) > 按钮，出现【选择程序标题】对话框，如图 2-49 所示。

图2-48　【创建快捷方式】对话框　　　　　图2-49　【选择程序标题】对话框

4. 在【键入该快捷方式的名称】文本框内修改快捷方式的名称为"记事本",单击  完成 按钮。

5. 用同样方法,为"calc.exe"文件建立快捷方式。

2.5　实验五　Windows XP 的常用设置

【实验目的】
- 掌握控制面板的基本操作。
- 掌握鼠标的常用设置。
- 掌握显示器的常用设置。
- 掌握日期与时间的设置。

2.5.1　鼠标的常用设置

操作要求如下。
- 使鼠标双击速度稍慢。
- 使鼠标指针移动速度稍快,并使其在移动时显示指针踪迹。

操作步骤如下。

1. 选择【开始】/【设置】/【控制面板】命令,打开【控制面板】窗口,如图 2-50 所示。

图2-50　【控制面板】窗口

2. 在【控制面板】窗口中双击【鼠标】图标 ,弹出【鼠标 属性】对话框。

3. 在【鼠标 属性】对话框中，切换到【鼠标键】选项卡，如图 2-51 所示。
4. 在【双击速度】组中，向【慢】的方向拖曳【速度】选项的滑块。
5. 在【鼠标 属性】对话框中，切换到【指针选项】选项卡，如图 2-52 所示。

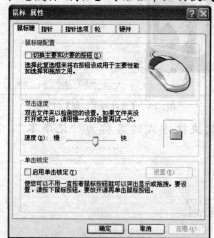

图2-51 【鼠标键】选项卡   图2-52 【指针选项】选项卡

6. 在【移动】组中，向【快】的方向拖曳【选择指针移动速度】滑块。
7. 在【可见性】组中，勾选【显示指针踪迹】复选框。
8. 完成以上设置后单击 确定 按钮。

2.5.2 显示器的常用设置

操作要求如下。

- 设置桌面背景为 "Autumn"，并使其拉伸显示。
- 设置屏幕保护程序为 "三维花盒"，并使等待时间为 "10 分钟"。

操作步骤如下。

1. 在【控制面板】窗口中，双击【显示】图标 ，弹出【显示 属性】对话框，默认的选项卡为【桌面】选项卡，如图 2-53 所示。

图2-53 【桌面】选项卡

READ

2. 在【桌面】选项卡的【背景】列表框中选择【Autumn】选项。
3. 在【位置】下拉列表中选择【拉伸】选项。
4. 完成以上设置后单击 应用(A) 按钮，此时桌面如图 2-54 所示。

图2-54　新桌面背景

5. 在【显示 属性】对话框中，切换到【屏幕保护程序】选项卡，如图 2-55 所示。
6. 在【屏幕保护程序】下拉列表中选择【三维花盒】选项。
7. 单击 设置(T) 按钮，用户可根据自己的喜好，在弹出的对话框中对三维花盒进行详细地设置。
8. 在【等待】数值框中，输入或调整数值为"10"。

图2-55　【屏幕保护程序】选项卡

9. 完成以上设置后单击 确定 按钮。

2.5.3 设置日期与时间

操作要求：设置计算机的日期为 2009 年 10 月 1 日，时间为上午 10 点 30 分。
操作步骤如下。

1. 在【控制面板】窗口中，双击【日期和时间】图标，弹出【日期和时间 属性】对话框，如图 2-56 所示。

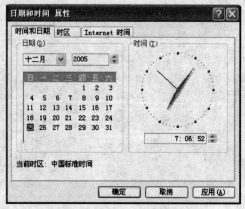

图2-56 【日期和时间 属性】对话框

2. 在【日期】组的年份数值框中输入或调整数值为 "2009"。
3. 在【月份】下拉列表中选择【十月】。
4. 在【日期】列表中选择【1】。
5. 在【时间】组的时间数值框中单击小时区，输入或调整数值 "10"。
6. 单击分钟区，输入或调整数值 "30"。
7. 单击秒钟区，输入或调整数值 "00"。
8. 完成以上设置后单击 确定 按钮。

第3章 中文 Word 2007

3.1 实验一 Word 2007 文档的建立

【实验目的】

- 掌握 Word 2007 的启动方法。
- 掌握 Word 2007 的视图方式。
- 掌握 Word 2007 的文档操作。
- 掌握 Word 2007 的文本编辑。

3.1.1 以指定模板建立文档

操作要求如下。

- 以"平衡简历"为模板建立一个文档。
- 文档内容根据具体情况填写。
- 以"我的简历.docx"为文件名保存到【我的文档】文件夹中。

操作步骤如下。

1. 选择【开始】/【所有程序】/【Microsoft Office】/【Microsoft Office Word 2007】命令，启动 Word 2007，进入 Word 2007 主窗口。
2. 单击 按钮，在打开的菜单中选择【新建】命令，弹出【新建文档】对话框。
3. 在【新建文档】对话框中，选择【模板】组中的【已安装的模板】命令，如图 3-1 所示。

图3-1 【新建文档】对话框

4. 在对话框的【已安装模板】组中，选择【平衡简历】选项。
5. 单击 创建 按钮，Word 2007 窗口中出现以"平衡简历"为模板的文档，如图 3-2 所示。
6. 在新建的 Word 文档中，根据具体情况，在用方括号（[]）括起的域内，填写相应的内容。

7. 单击快速访问工具栏中的 ■ 按钮，弹出如图 3-3 所示的【另存为】对话框。

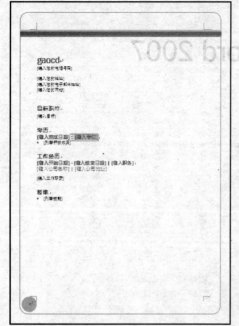

图3-2　以"平衡简历"为模板的文档

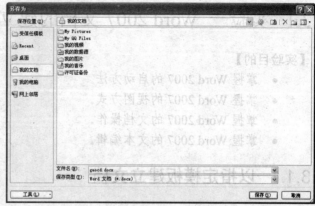

图3-3　【另存为】对话框

8. 在【保存位置】下拉列表中选择【我的文档】选项。

9. 在【文件名】下拉列表中，修改文件名为"我的简历.docx"。

10. 单击 保存(S) 按钮。

3.1.2　在文档中插入特殊符号

操作要求：在 Word 文档中输入以下内容，并以"特殊符号.docx"为文件名保存在"我的文档"文件夹中。

常用括号：（）｛｝〔〕【】《》〈〉「」『』
图形符号：○●△▲◎☆★◇◆□■▽▼↑↓←→↖↗↘↙
数学符号：≈≡≠≤≥±×∪∩∈∵∴⊥∥∠⌒⊙∽
单位符号：°℃℉％‰㎡
数字序号：(1)(2)(3)(4)(5)①②③④⑤㈠㈡㈢㈣㈤
拼音符号：ā ō ē ī ū ǚ

操作步骤如下。

1. 启动 Word 2007，在文档中输入符号前面的汉字。

2. 将鼠标光标移动到"常用括号："后。

3. 单击功能区【插入】选项卡【特殊符号】组中的 符号 按钮，打开图 3-4 所示的【特殊符号】列表。

图3-4　【特殊符号】列表

4. 在【特殊符号】列表中，选择【更多…】选项，弹出【插入特殊符号】对话框，当前选项卡是【标点符号】，如图 3-5 所示。

5. 在【标点符号】列表中选择 （，单击 确定 按钮，在文档中插入一对括号"（）"。

6. 用同样的方法，在文档中插入其他常用括号。

7. 将鼠标光标移动到"图形符号："后，切换到【特殊符号】选项卡，如图 3-6 所示。

图3-5　【标点符号】选项卡

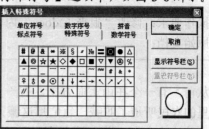

图3-6　【特殊符号】选项卡

8. 在【特殊符号】列表中选择○，单击 确定 按钮，在文档中插入该符号。

9. 用同样的方法，在文档中插入其他图形符号。

10. 将鼠标光标移动到"数学符号："后，切换到【数学符号】选项卡，如图 3-7 所示。

11. 在【数学符号】列表中选择≈，单击 确定 按钮，在文档中插入该符号。

12. 用同样的方法，在文档中插入其他数学符号。

13. 将鼠标光标移动到"单位符号："后，切换到【单位符号】选项卡，如图 3-8 所示。

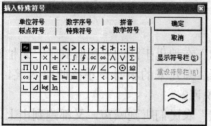

图3-7　【数学符号】选项卡

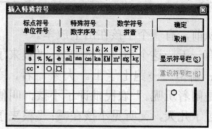

图3-8　【单位符号】选项卡

14. 在【单位符号】列表中选择°，单击 确定 按钮，在文档中插入该符号。

15. 用同样的方法，在文档中插入其他单位符号。

16. 将鼠标光标移动到"数字序号："后，切换到【数字序号】选项卡，如图 3-9 所示。

17. 在【数字序号】列表中选择(1)，单击 确定 按钮，在文档中插入该符号。

18. 用同样的方法，在文档中插入其他数字序号。

19. 将鼠标光标移动到"拼音符号："后，切换到【拼音】选项卡，如图 3-10 所示。

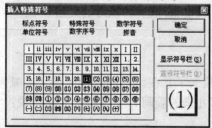

图3-9　【数字序号】选项卡

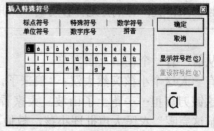

图3-10　【拼音】选项卡

20. 在【拼音】列表中选择ā，单击 确定 按钮，在文档中插入该符号。

21. 用同样的方法，在文档中插入其他拼音符号。

22. 用前一练习的方法，以"特殊符号.docx"为文件名，把文档保存在"我的文档"文件夹中。

23. 单击 按钮，在打开的菜单中选择【关闭】命令，关闭文档。

3.1.3 文本的基本编辑

操作要求：修改"狼来了.docx"内容并保存。

原始文档：

狼来了

从前，有一个在山上面方羊。有一天这个小孩突然大汉："狼来了，狼来了，狼来了！在地里的农民听道了叫喊，急忙那这镰刀扁担……跑上了山坡。大家看了一看，那儿来的狼阿？小孩哈哈大小，说："我这是脑这完呢"农民大声批评小孩，教他不要说慌。

过了今天，有听见再喊："浪来了，狼来了" 在地里的农民听到喊声，有都跑到了上，大家又骗了，还是小孩在玩。

国了好几天，狼长这大嘴，见了羊就咬……小孩大喊："浪来了，救命呀"大家都因为小孩有在说慌，结果狼咬死了。小孩跑的快，检了一条命。从此以后，他再也不说谎了。

最终文档：

狼来了

从前，有一个小孩在山上放羊。

有一天，这个小孩忽然大喊："狼来了，狼来了！"在地里干活的农民听到了，急忙拿着镰刀、扁担……跑上了山。大家一看，羊还在吃草，哪儿来的狼呀？小孩哈哈大笑，说："我是闹着玩呢。"农民批评了小孩，叫他以后不要说谎。

过了几天，又听见小孩在喊："狼来了，狼来了！"农民们听到喊声，又都跑到山上，大家又受骗了，还是小孩在闹着玩。

又过了几天，狼真的来了，张着大嘴，见了羊就咬……小孩大喊："狼来了，救命呀！"大家都以为小孩又在说谎，谁也没上山，结果羊全被狼咬死了。小孩跑得快，捡了一条命。

从此以后，他再也不说谎了。

操作步骤如下。

1. 在 Word 2007 中打开"狼来了.docx"文档。
2. 将鼠标光标移到"有一天"前，按 Enter 键；将鼠标光标移到"过了今天"前的空段上，按 Delete 键；将鼠标光标移动到"从此以后"前，按 Enter 键，修改后的文档如下：

狼来了

从前，有一个在山上面方羊。

有一天这个小孩突然大汉："狼来了，狼来了，狼来了！在地里的农民听道了叫喊，急忙那这镰刀扁担……跑上了山坡。大家看了一看，那儿来的狼阿？小孩哈哈大小，说："我这是脑这完呢"农民大声批评小孩，教他不要说慌。

过了今天，有听见再喊："浪来了，狼来了" 在地里的农民听到喊声，有都跑到了上，大家又骗了，还是小孩在玩。

国了好几天，狼长这大嘴，见了羊就咬……小孩大喊："浪来了，救命呀"大家都因为小孩有在说慌，结果狼咬死了。小孩跑的快，检了一条命。

从此以后，他再也不说谎了。

---

3. 删除文章中的错别字（带底纹的字），然后输入正确的字（括号内加粗的字）；删除文章中多余的字（带边框的字），添加缺少的字（带下划线的字）。具体的修改内容如下：

狼来了

从前，有一个<u>小孩</u>在山上 面方（**放**）羊。

有一天，_这个小孩突（**忽**）然大汉（**喊**）："狼来了，狼来了，狼来了!"在地里干活的农民听道（**到**）了 叫喊，急忙那这（**拿着**）镰刀_扁担……跑上了山坡。大家看了一看，<u>羊还在吃草，</u>那（**哪**）儿来的狼阿（**呀**）？小孩哈哈大小（**大笑**），说："我这是脑（**闹**）这完（**着玩**）呢。"农民大声批评了小孩，教（**叫**）他<u>以后</u>不要说慌（**谎**）。

过了今天（**几天**），有（**又**）听见<u>小孩</u>再（**在**）喊："浪（**狼**）来了，狼来了!" 在地里的农民们听到喊声，有（**又**）都跑到了（**山**）上，大家又受骗了，还是小孩在闹着玩。

又国（**过**）了好几天，狼真的来了，长这（**张着**）大嘴，见了羊就咬……小孩大喊："浪（**狼**）来了，救命呀!"大家都因（**以**）为小孩有（**又**）在说慌（**谎**），<u>谁也没上山，</u>结果<u>羊全</u>被狼咬死了。小孩跑的（**得**）快，检（**捡**）了一条命。

从此以后，他再也不说谎了。

---

4. 单击 🖫 按钮保存文档，然后关闭文档。

3.1.4 文本的复制

操作要求：修改"故事.docx"内容并保存。
原始文档：

从前，有一座山，山下有一条路，路通往一座庙，庙里住着一个和尚，和尚坐在一把椅子上，在讲一个故事。

最终文档：

从前，有一座老山，老山下有一条老路，老路通往一座老庙，老庙里住着一个老和尚，老和尚坐在一把老椅子上，在讲一个老故事，故事是：

"从前，有一座大山，大山下有一条大路，大路通往一座大庙，大庙里住着一个大和尚，大和尚坐在一把大椅子上，在讲一个大故事，故事是：

'从前，有一座小山，小山下有一条小路，小路通往一座小庙，小庙里住着一个小和尚，小和尚坐在一把小椅子上，在听老和尚讲老故事，听完了老故事再听大和尚讲大故事，听完了大故事准备编一个小故事。'"

操作步骤如下。
1. 在 Word 2007 中打开"故事.docx"文档。
2. 按 Ctrl+A 组合键，选定文档全部内容。
3. 按 Ctrl+C 组合键，把选定的内容复制到剪贴板。
4. 按 Ctrl+V 组合键 2 次，把剪贴板上的内容粘贴 2 次，作为文档的第 2 段和第 3 段。
5. 分别在第 1、2、3 段中添加相应的文字和标点。
6. 单击 🖫 按钮保存文档，然后关闭文档。

3.1.5　文本的移动

操作要求：修改"进化.docx"内容并保存。

原始文档：

进化

20 世纪 70 年代的试题："一位伐木者用定量的木材数（L）交换了定量的钱数（M）。请问，他的利润值 P 是多少？M 的值是 100，生产成本值 C 为 80。"

20 世纪 60 年代的试题："他的生产成本是这个数目的五分之四。一位伐木者砍下一卡车木材，卖了 100 美元。请问，他的利润是多少？"

21 世纪的试题："文章题目是：'人类行为与生态环境'写一篇议论文解释您如何看待此种生财之道。一位利欲熏心的伐木者偷砍了 100 株枝盛叶茂的树木，以获得 20 美元的利润，造成了 20 万美元的生态损失。"

20 世纪 90 年代的试题："文章题目是：'林中的鸟儿和松鼠有什么感觉？'一位无知的伐木者砍下了 100 株美丽挺拔的树木，以获得 20 美元的利润。写一篇议论文解释您如何看待此种生财之道。"

20 世纪 80 年代的试题："他的成本是 80 美元，他的利润是（　）美元。供选择的答案是：A.10　B.20　C.30　D.40。一位伐木者砍下一卡车木材，卖了 100 美元。"

最终文档：

进化

20 世纪 60 年代的试题："一位伐木者砍下一卡车木材，卖了 100 美元。他的生产成本是这个数目的五分之四。请问，他的利润是多少？"

20 世纪 70 年代的试题："一位伐木者用定量的木材数（L）交换了定量的钱数（M）。M 的值是 100，生产成本值 C 为 80。请问，他的利润值 P 是多少？"

20 世纪 80 年代的试题："一位伐木者砍下一卡车木材，卖了 100 美元。他的成本是 80 美元，他的利润是（　）美元。供选择的答案是：A.10　B.20　C.30　D.40。"

20 世纪 90 年代的试题："一位无知的伐木者砍下了 100 株美丽挺拔的树木，以获得 20 美元的利润。写一篇议论文解释您如何看待此种生财之道。文章题目是：'林中的鸟儿和松鼠有什么感觉？'"

21 世纪的试题："一位利欲熏心的伐木者偷砍了 100 株枝盛叶茂的树木，以获得 20 美元的利润，造成了 20 万美元的生态损失。写一篇议论文解释您如何看待此种生财之道。文章题目是：'人类行为与生态环境'"。

操作步骤如下。

1. 在 Word 2007 中打开"进化.docx"文档。
2. 选定"20 世纪 60 年代的试题"开始的第 2 段内容（包括段落最后的回车），按住鼠标左键不放，将鼠标光标移动到第 1 段前。
3. 用类似的方法调整其他段落的顺序。
4. 再用文本移动的方法调整好每个段内文字的顺序。
5. 单击□按钮保存文档，然后关闭文档。

3.1.6 文本的查找与替换

操作要求:把文档"计算机发展.docx"中的所有"计算机"替换为"computer"并保存。

原始文档:

> 通常人们按电子计算机所采用的器件将其划分为 4 代。
>
> **一、 第一代计算机**(1945～1958 年)
>
> 这一时期计算机的元器件大都采用电子管,因此称为电子管计算机。第一代计算机不仅造价高、体积大、耗能多,而且故障率高。
>
> **二、 第二代计算机**(1959～1964 年)
>
> 这一时期计算机的元器件大都采用晶体管,因此称为晶体管计算机。第二代计算机的体积大大减小,具有运算速度快、可靠性高、使用方便、价格便宜等优点。
>
> **三、 第三代计算机**(1965～1970 年)
>
> 这一时期计算机的元器件大都采用中小规模集成电路。第三代计算机的体积和功耗都得到进一步减小,可靠性和速度也得到了进一步提高,产品实现系列化和标准化。
>
> **四、 第四代计算机**(1971 年至今)
>
> 这一时期计算机的元器件大都采用大规模集成电路或超大规模集成电路(VLSI)。第四代计算机在各种性能上都得到大幅度提高,并随着微型计算机网络的出现,其应用已经涉及社会的各个领域。

操作步骤如下。

1. 在 Word 2007 中打开"电子计算机的发展.docx"文档。
2. 单击【开始】选项卡【编辑】组中的 替换 按钮,弹出【查找和替换】对话框,当前选项卡是【替换】,如图 3-11 所示。

图3-11 【替换】选项卡

3. 在【查找内容】文本框中,输入"计算机"。
4. 在【替换为】文本框中,输入"computer"。
5. 单击 全部替换(A) 按钮。
6. 单击 取消 按钮,结束替换操作,关闭对话框。
7. 单击 按钮保存文档,然后关闭文档。

3.2 实验二 Word 2007 文字的排版

【实验目的】
- 掌握设置字体和字号的方法。
- 掌握设置粗体、斜体和下划线的方法。
- 掌握设置边框、底纹和颜色的方法。
- 掌握设置着重号、删除线的方法。
- 掌握设置上标、下标的方法。
- 掌握设置阴影、空心、阳文、阴文的方法。

3.2.1 文字的基本设置（一）

操作要求：设置文档"计算机之父.docx"中的字符格式并保存。

原始文档：

冯·诺依曼小传

冯·诺依曼（Von Neumann，1903.12.28～1957.2.8），是 20 世纪最伟大的数学家之一。他提出了对现代计算机影响深远的"存储程序"体系结构，因而被誉为"计算机之父"。

冯·诺依曼 1903 年 12 月 28 日生于匈牙利的布达佩斯，家境富裕，父亲是一个银行家，十分注意对孩子的教育。冯·诺依曼从小聪颖过人、兴趣广泛、读书过目不忘。1921 年，冯·诺依曼在布达佩斯的卢瑟伦中学读书时，与费克特老师合作发表了他的第一篇数学论文，此时冯·诺依曼还不到 18 岁。

1921 年～1925 年，冯·诺依曼在苏黎世大学学习化学。很快又在 1926 年以优异的成绩获得了布达佩斯大学数学博士学位，此时冯·诺依曼年仅 22 岁。1930 年，冯·诺依曼接收了普林斯顿大学客座教授的职位，1931 年成为该校的终身教授。1933 年，他又与爱因斯坦一起被聘为普林斯顿高等研究院第一批终身教授，此时冯·诺依曼还不到 30 岁。此后冯·诺依曼一直在普林斯顿高等研究院工作。他于 1951 年～1953 年任美国数学学会主席，1954 年任美国原子能委员会委员。1954 年夏，冯·诺依曼被诊断患有癌症，1957 年 2 月 8 日在华盛顿去世，终年 54 岁。

冯·诺依曼在纯粹数学和应用数学的诸多领域都进行了开创性的工作，并做出了重大贡献。他早期主要从事算子理论、量子理论、集合论等方面的研究，后来在格论、连续几何、理论物理、动力学、连续介质力学、气象计算、原子能和经济学等领域都做过重要的工作。

1945 年，冯·诺依曼在分析了第一台电子计算机 ENIAC 的不足后，执笔起草了一个全新的计算机方案——EDVAC 方案。在这个方案中，他提出了"存储程序"的计算机体系结构，后来人们称他提出的"存储程序"计算机体系结构为"冯·诺依曼体系结构"或"冯·诺依曼机"。至今，计算机仍然采用"存储程序"计算机体系结构。

最终文档：

冯·诺依曼小传

　　冯·诺依曼（Von Neumann，1903.12.28～1957.2.8），是 20 世纪最伟大的数学家之一。他提出了对现代计算机影响深远的"存储程序"体系结构，因而被誉为"**计算机之父**"。

　　冯·诺依曼 1903 年 12 月 28 日生于匈牙利的布达佩斯，家境富裕，父亲是一个银行家，十分注意对孩子的教育。冯·诺依曼从小聪颖过人、兴趣广泛、读书过目不忘。1921 年，冯·诺依曼在布达佩斯的卢瑟伦中学读书时，与费克特老师合作发表了他的第一篇数学论文，*此时冯·诺依曼还不到 18 岁。*

　　1921 年～1925 年，冯·诺依曼在苏黎世大学学习化学。很快又在 1926 年以优异的成绩获得了布达佩斯大学数学博士学位，*此时冯·诺依曼年仅 22 岁。* 1930 年，冯·诺依曼接受了普林斯顿大学客座教授的职位，1931 年成为该校的终身教授。1933 年，他又与爱因斯坦一起被聘为普林斯顿高等研究院第一批终身教授，*此时冯·诺依曼还不到 30 岁。* 此后冯·诺依曼一直在普林斯顿高等研究院工作。他于 1951 年～1953 年任美国数学学会主席，1954 年任美国原子能委员会委员。1954 年夏，冯·诺依曼被诊断患有癌症，1957 年 2 月 8 日在华盛顿去世，终年 54 岁。

　　冯·诺依曼在纯粹数学和应用数学的诸多领域都进行了开创性的工作，并做出了重大贡献。他早期主要从事算子理论、量子理论、集合论等方面的研究，后来在格论、连续几何、理论物理、动力学、连续介质力学、气象计算、原子能和经济学等领域都做过重要的工作。

　　1945 年，冯·诺依曼在分析了第一台电子计算机 ENIAC 的不足后，执笔起草了一个全新的计算机方案——EDVAC 方案。在这个方案中，他提出了"存储程序"的计算机体系结构，后来人们称他提出的"存储程序"计算机体系结构为"冯·诺依曼体系结构"或"冯·诺依曼机"。至今，计算机仍然采用"存储程序"计算机体系结构。

操作步骤如下。

1. 在 Word 2007 中打开"计算机之父.docx"文档。
2. 选定文章标题，设置字体为"黑体"、字号为"二号"。
3. 单击【开始】选项卡【字体】组右下角的 按钮，弹出【字体】对话框，当前选项卡为【字体】，如图 3-12 所示。
4. 在【字体】选项卡中，勾选【空心】复选项，单击 确定 按钮。
5. 选定文章正文中"冯·诺依曼"，设置字体（分隔符除外）为"楷体_GB2312"，用同样方法设置正文中的其他"冯·诺依曼"文本的字体。
6. 选定正文中的"计算机之父"，单击【开始】选项卡【字体】组中的 **B** 按钮。
7. 按照步骤 3 的方法打开【字体】对话框，在【字体】选项卡中的【着重号】下拉列表中选择【·】，单击 确定 按钮。

8. 选定正文中的"爱因斯坦"，设置字体为"楷体_GB2312"，单击【字体】组中的 U 按钮右边的 · 按钮，在打开的下拉列表中选择下划线类型。

9. 选定正文中的"存储程序"，单击【字体】组中的 U 按钮右边的 · 按钮，在打开的下拉列表中选择"波浪线"类型。用同样的方法设置正文中的"EDVAC 方案"、"冯·诺依曼体系结构"、"冯·诺依曼机"和"存储程序"。

10. 选定正文中的"此时冯·诺依曼还不到 18 岁。"，单击【字体】组中的 I 按钮。用同样方法设置正文中的"此时冯·诺依曼年仅 22 岁。"和"此时冯·诺依曼还不到 30 岁。"。

11. 单击 按钮保存文档，然后关闭文档。

图3-12 【字体】选项卡

3.2.2 文字的基本设置（二）

操作要求：将上一实验中的文档"狼来了.docx"设置成以下效果。

狼来了

从前，有一个小孩在山上放羊。

有一天，这个小孩忽然大喊："*狼来了，狼来了!*"在地里干活的农民听到了，急忙拿着镰刀、扁担……跑上了山。大家一看，羊还在吃草，哪儿来的狼呀？小孩哈哈大笑，说："*我是闹着玩呢。*"农民批评了小孩，叫他以后不要说谎。

过了几天，又听见小孩在喊："*狼来了，狼来了!*"农民们听到喊声，又都跑到山上，大家又受骗了，还是小孩在闹着玩。

又过了几天，狼真的来了，张着大嘴，见了羊就咬……小孩大喊："*狼来了，救命呀!*"大家都以为小孩又在说谎，谁也没上山，结果羊全被狼咬死了。小孩跑得快，捡了一条命。

从此以后，**他再也不说谎了。**

操作步骤如下。

1. 在 Word 2007 中打开"狼来了.docx"文档。

2. 按 Ctrl+A 组合键，选定文档的所有内容，设置字体为"仿宋_GB2312"。

3. 选定文章标题，设置字体为"楷体_GB2312"、字号为"三号"，单击【字体】组中的 **B** 按钮。

4. 选定正文中的"从前，"，设置字体为"楷体"、字号为"四号"。用同样方法设置正文中的"有一天，"、"过了几天，"、"又过了几天，"和"从此以后，"。

5. 选定正文中的"小孩"，单击【字体】组中的 **A** 按钮。用同样方法设置正文中其他"小孩"处的字体。

6. 选定正文中的"狼来了，狼来了!"，设置字号为"小四"，分别单击【字体】组中的 **B** 按钮、**I** 按钮和 **U** 按钮。用同样方法设置正文中其他各处小孩所说的话。

7. 选定"他再也不说谎了。"，设置字体为"黑体"、字号为"小四"。

8. 单击 **⊟** 按钮保存文档，然后关闭文档。

3.2.3 文字的基本设置（三）

操作要求：建立以下文档，并以"上下标.docx"为文件名保存到"我的文档"文件夹中。

$$(a+b)^3=a^3+3a^2b+3ab^2+b^3 \qquad Cu + H_2SO_3 = CuSO_3 + H_2 \uparrow$$

操作步骤如下。

1. 启动 Word 2007。

2. 不考虑上下标，在文档中输入全部文本，并设置字号为"四号"。如下所示。

$$(a+b)3=a3+3a2b+3ab2+b3 \qquad Cu + H2SO3 = CuSO3 + H2 \uparrow$$

3. 选定第 1 个公式中的"3"，按 $\boxed{Ctrl}+\boxed{Shift}+\boxed{}$ 组合键。用同样方法设置第 1 个公式中的其余上标。

4. 选定第 2 个公式中的"2"，按 $\boxed{Ctrl}+\boxed{}$ 组合键。用同样方法设置第 2 个公式中的其余下标。

5. 单击 **⊟** 按钮，以"上下标.docx"为文件名保存到"我的文档"文件夹中。

3.3 实验三 Word 2007 段落的排版

【实验目的】
- 掌握段落基本格式的设置方法。
- 掌握项目符号和编号的设置方法。
- 掌握分栏的设置方法。
- 掌握首字下沉的设置方法。

3.3.1 设置段落基本格式

操作要求：建立以下文档，并以"致申老师.docx"为文件名保存到"我的文档"文件夹中。

致　　　申　　　老　　师　　　的　　　一　　封　　　信

尊敬的申老师：

　　您好！

　　今天是大年初一，给您拜年了。这几天一直在做您给我的几何题。可能是我的见识太窄，我从未见过如此难的几何题。这些题的结论看上去都很明显，但证明起来却很困难。不过令人欣喜的是，我终于在吃年夜饭前，证出了所有的题。随后，我会把我的证明整理出来，给您寄去，望给评判。

　　我家是卖茶叶的，全国各地的名茶比比皆是。证明几何题时，为了提神，我不停地喝茶，几乎每 3 小时换一种名茶，边饮茶边证题，虽然单调，但很充实。所有题证明完后，我惊奇地发现：您的几何题就像名茶一样，不仅提神，而且回味无穷。

　　您的弟子每年都在国际数学奥林匹克竞赛中摘金夺银，真是让我羡慕。我也希望将来成为这个队伍中的一员。请申老师相信，我会努力的，我会一直努力的。

　　此致

敬礼！

您的学生：葛傲

2009 年 1 月 26 日

操作步骤如下。

1. **启动** Word 2007。
2. 在输入书信内容前，先设置字号为"小五"。
3. 不考虑任何格式，在文档中输入书信的全部内容，如下所示。

致申老师的一封信

尊敬的申老师：

您好！

今天是大年初一，给您拜年了。这几天一直在做您给我的几何题。可能是我的见识太窄，我从未见过如此难的几何题。这些题的结论看上去都很明显，但证明起来却很困难。不过令人欣喜的是，我终于在吃年夜饭前，证出了所有的题。随后，我会把我的证明整理出来，给您寄去，望给评判。

我家是卖茶叶的，全国各地的名茶比比皆是。证明几何题时，为了提神，我不停地喝茶，几乎每 3 小时换一种名茶，边饮茶边证题，虽然单调，但很充实。所有题证明完后，我惊奇地发现：您的几何题就像名茶一样，不仅提神，而且回味无穷。

您的弟子每年都在国际数学奥林匹克竞赛中摘金夺银，真是让我羡慕。我也希望将来成为这个队伍中的一员。请申老师相信，我会努力的，我会一直努力的。

此致

敬礼！

您的学生：葛傲

2009 年 1 月 26 日

---

4. 将鼠标光标移动到第 1 段，单击【开始】选项卡【段落】组中的▤按钮。选定最后 2 段，单击【段落】组中的▤按钮。
5. 选定从"您好！"到"此致"之间各段，单击【段落】组右下角的◰按钮，弹出【段落】对话框，当前选项卡为【缩进和间距】选项卡，如图 3-13 所示。
6. 在【缩进和间距】选项卡中的【特殊格式】下拉列表中选择【首行缩进】，在【度量值】数值框中输入或调整为"2 字符"，单击　确定　按钮。

7. 选定从"您好!"到"此致"之间各段，按照步骤 5 的方法打开【段落】对话框，在【缩进和间距】选项卡中的【段前】数值框中输入"0.25 行"，在【段后】数值框中输入"0.25 行"，单击 确定 按钮。

8. 单独将第 1 段选中，按照上面所介绍的方法，在【缩进和间距】选项卡中，在【段前】数值框中输入或调整为"0.5 行"，在【段后】数值框中输入或调整为"0.5 行"，单击 确定 按钮。

9. 将鼠标光标移动到"您的学生: 葛傲"段中，在【缩进和间距】选项卡中，在【段前】数值框中输入或调整为"1 行"，单击 确定 按钮。

10. 单击 按钮，以"致申老师.docx"为文件名保存到"我的文档"文件夹中，然后关闭文档。

图3-13　【缩进和间距】选项卡

3.3.2　设置项目符号（一）

操作要求: 为前面实验所建立的文档"进化.docx"的段落加上项目符号，并另存为"进化 1.docx"。最终结果如下:

进化

- 20 世纪 60 年代的试题:"一位伐木者砍下一卡车木材，卖了 100 美元。他的生产成本是这个数目的五分之四。请问，他的利润是多少? "
- 20 世纪 70 年代的试题:"一位伐木者用定量的木材数（L）交换了定量的钱数（M）。M 的值是 100，生产成本值 C 为 80。请问，他的利润值 P 是多少? "
- 20 世纪 80 年代的试题:"一位伐木者砍下一卡车木材，卖了 100 美元。他的成本是 80 美元，他的利润是（ ）美元。供选择的答案是: A.10　B.20　C.30　D.40。"
- 20 世纪 90 年代的试题:"一位无知的伐木者砍下了 100 株美丽挺拔的树木，以获得 20 美元的利润。写一篇议论文解释您如何看待此种生财之道。文章题目是:'林中的鸟儿和松鼠有什么感觉? '"
- 21 世纪的试题:"一位利欲熏心的伐木者偷砍了 100 株枝盛叶茂的树木，以获得 20 美元的利润，造成了 20 万美元的生态损失。写一篇议论文解释您如何看待此种生财之道。文章题目是:'人类行为与生态环境'"。

操作步骤如下。

1. 在 Word 2007 中打开"进化.docx"文档。

2. 选定除标题外的全部文档，单击【开始】选项卡【段落】组 按钮右边的 按钮，打开图 3-14 所示的【项目符号】列表。

3. 在【项目符号】列表中，单击【项目符号库】组中的第 3 个选项 ■ 。

4. 单击 按钮，在打开的菜单中选择【另存为】/【Word 文档】命令，以"进化 1.docx"为文件名，保存文档，然后关闭文档。

图3-14　【项目符号】列表

3.3.3 设置项目符号（二）

操作要求：为前面实验所建立的文档"进化.docx"的段落加上项目符号，并另存为"进化2.docx"。最终结果如下：

进化

- ❖ 20 世纪 60 年代的试题："一位伐木者砍下一卡车木材，卖了 100 美元。他的生产成本是这个数目的五分之四。请问，他的利润是多少？"
- ❖ 20 世纪 70 年代的试题："一位伐木者用定量的木材数（L）交换了定量的钱数（M）。M 的值是 100，生产成本值 C 为 80。请问，他的利润值 P 是多少？"
- ❖ 20 世纪 80 年代的试题："一位伐木者砍下一卡车木材，卖了 100 美元。他的成本是 80 美元，他的利润是（　）美元。供选择的答案是：A.10　B.20　C.30　D.40。"
- ❖ 20 世纪 90 年代的试题："一位无知的伐木者砍下了 100 株美丽挺拔的树木，以获得 20 美元的利润。写一篇议论文解释您如何看待此种生财之道。文章题目是：'林中的鸟儿和松鼠有什么感觉？'"
- ❖ 21 世纪的试题："一位利欲熏心的伐木者偷砍了 100 株枝盛叶茂的树木，以获得 20 美元的利润，造成了 20 万美元的生态损失。写一篇议论文解释您如何看待此种生财之道。文章题目是：'人类行为与生态环境'"。

操作步骤如下。

1. 在 Word 2007 中打开"进化.docx"文档。
2. 选定除标题外的全部文档，单击【开始】选项卡【段落】组≣按钮右边的▾按钮，打开【项目符号】列表。
3. 在【项目符号】列表中，选择【定义新项目符号】选项，弹出如图 3-15 所示的【定义新项目符号】对话框。
4. 在【定义新项目符号】对话框中，单击 字符(C)… 按钮，弹出如图 3-16 所示的【符号】对话框。

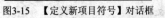

图3-15　【定义新项目符号】对话框

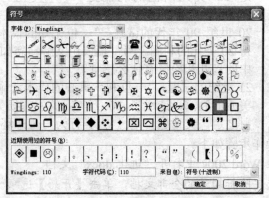

图3-16　【符号】对话框

5. 在【符号】对话框的【符号】列表中选择最后一行第 7 个符号，单击 确定 按钮，返回【定义新项目符号】对话框。
6. 在【定义新项目符号】对话框中，单击 确定 按钮。
7. 单击 按钮，在打开的菜单中选择【另存为】/【Word 文档】命令，以"进化2.docx"为文件名，保存文档，然后关闭文档。

3.3.4　设置编号（一）

操作要求：为前面实验所建立的文档"进化.docx"的段落加上编号，并另存为"进化3.docx"。最终格式如下：

进化

1. 20 世纪 60 年代的试题："一位伐木者砍下一卡车木材，卖了 100 美元。他的生产成本是这个数目的五分之四。请问，他的利润是多少？"

2. 20 世纪 70 年代的试题："一位伐木者用定量的木材数（L）交换了定量的钱数（M）。M 的值是 100，生产成本值 C 为 80。请问，他的利润值 P 是多少？"

3. 20 世纪 80 年代的试题："一位伐木者砍下一卡车木材，卖了 100 美元。他的成本是80 美元，他的利润是（　）美元。供选择的答案是：A.10　B.20　C.30　D.40。"

4. 20 世纪 90 年代的试题："一位无知的伐木者砍下了 100 株美丽挺拔的树木，以获得 20 美元的利润。写一篇议论文解释您如何看待此种生财之道。文章题目是：'林中的鸟儿和松鼠有什么感觉？'"

5. 21 世纪的试题："一位利欲熏心的伐木者偷砍了 100 株枝盛叶茂的树木，以获得 20美元的利润，造成了 20 万美元的生态损失。写一篇议论文解释您如何看待此种生财之道。文章题目是：'人类行为与生态环境'"。

操作步骤如下。

1. 在 Word 2007 中打开"进化.docx"文档。

2. 选定除第 1 段外的全部文档，单击【段落】组 按钮右边的 按钮，打开图 3-17 所示的【编号】列表。

图3-17　【编号】列表

3. 在【编号】列表中，单击第 1 行第 2 列的列表框，单击　确定　按钮。

4. 单击 按钮，在打开的菜单中选择【另存为】/【Word 文档】命令，以"进化3.docx"为文件名保存文档，然后关闭文档。

3.3.5　设置编号（二）

操作要求：为前面实验所建立的文档"进化.docx"的段落加上编号，并另存为"进化4.docx"。最终格式如下：

进化

甲、20 世纪 60 年代的试题："一位伐木者砍下一卡车木材，卖了 100 美元。他的生产成本是这个数目的五分之四。请问，他的利润是多少？"

乙、20 世纪 70 年代的试题："一位伐木者用定量的木材数（L）交换了定量的钱数（M）。M 的值是 100，生产成本值 C 为 80。请问，他的利润值 P 是多少？"

丙、20 世纪 80 年代的试题："一位伐木者砍下一卡车木材，卖了 100 美元。他的成本是 80 美元，他的利润是（ ）美元。供选择的答案是：A.10 B.20 C.30 D.40。"

丁、20 世纪 90 年代的试题："一位无知的伐木者砍下了 100 株美丽挺拔的树木，以获得 20 美元的利润。写一篇议论文解释您如何看待此种生财之道。文章题目是：'林中的鸟儿和松鼠有什么感觉？'"

戊、21 世纪的试题："一位利欲熏心的伐木者偷砍了 100 株枝盛叶茂的树木，以获得 20 美元的利润，造成了 20 万美元的生态损失。写一篇议论文解释您如何看待此种生财之道。文章题目是：'人类行为与生态环境'"。

操作步骤如下。

1. 在 Word 2007 中打开"进化.docx"文档。
2. 选定除第 1 段外的全部文档，单击【段落】组 三 按钮右边的 ▼ 按钮，打开【编号】列表。
3. 在【编号】列表中，选择【定义新编号格式】选项，弹出如图 3-18 所示的【定义新编号格式】对话框。

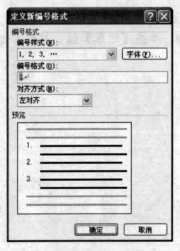

图3-18 【定义新编号格式】对话框

4. 在【自定义编号列表】对话框中的【编号样式】下拉列表中，选择【甲、乙、丙……】，单击 确定 按钮。
5. 单击 按钮，在打开的菜单中选择【另存为】/【Word 文档】命令，以"进化4.docx"为文件名保存文档，然后关闭文档。

3.3.6 设置分栏（一）

操作要求：把"龟与兔赛跑.docx"文档设置为分栏格式，并另存为"龟与兔赛跑1.docx"。

原始文档：

> ### 龟与兔赛跑
>
> 有一天，龟与兔相遇于草场，龟在夸大他的恒心，说兔不能吃苦，只管跳跃寻乐，长此以往，将来必无好结果，兔子笑而不辩。
>
> "多辩无益，"兔子说，"我们来赛跑，好不好？就请狐狸大哥为评判员。"
>
> "好。"龟不自量力地说。
>
> 于是龟动身了，四只脚作八只脚跑了一刻钟，只有三丈余，兔子不耐烦了，而有点懊悔。"这样跑法，可不要跑到黄昏吗？我一天宝贵的光阴，都牺牲了。"
>
> 于是，兔子利用这些光阴，去吃野草，随兴所之，极其快乐。
>
> 龟却在说："我会吃苦，我有恒心，总会跑到。"
>
> 到了午后，龟已精疲力竭了，走到阴凉之地，很想打盹一下，养养精神，但是一想昼寝是不道德，又奋勉前进。龟背既重，龟头又小，五尺以外的平地，便看不见。他有点眼花缭乱了。
>
> 这时的兔子，因为能随兴所之，越跑越有趣，越有趣越精神，已经赶到离路半里许的河边树下。看见风景清幽，也就顺便打盹。醒后精神百倍，把赛跑之事完全丢在脑后。在这正愁无事可做之时，看见前边一只松鼠跑过，认为怪物，一定要追上去看他，看看他的尾巴到底有多大，可以回来告诉他的母亲。
>
> 于是他便开步追，松鼠见他追，便开步跑。奔来跑去，忽然松鼠跳上一棵大树。兔子正在树下翘首高望之时，忽然听见背后有叫声道："兔弟弟，你夺得冠军了！"
>
> 兔子回头一看，原来是评判员狐狸大哥，而那棵树，也就是他们赛跑的终点。那只龟呢，因为他想吃苦，还在半里外匍匐而行。
>
> 凡事须求性情所近，始有成就。
>
> 世上愚人，类皆有恒心。
>
> 做龟的不应同兔赛跑。

最终文档：

> ### 龟与兔赛跑
>
> 有一天，龟与兔相遇于草场，龟在夸大他的恒心，说兔不能吃苦，只管跳跃寻乐，长此以往，将来必无好结果，兔子笑而不辩。
>
> "多辩无益，"兔子说，"我们来赛跑，好不好？就请狐狸大哥为评判员。"
>
> "好。"龟不自量力地说。
>
> 于是龟动身了，四只脚作八只脚跑了一刻钟，只有三丈余，兔子不耐烦了，而有点懊悔。"这样跑法，可不要跑到黄昏吗？我一天宝贵的光阴，都牺牲了。"
>
> 于是，兔子利用这些光阴，去吃野草，随兴所之，极其快乐。
>
> 龟却在说："我会吃苦，我有恒心，总会跑到。"
>
> 到了午后，龟已精疲力竭了，走到阴凉之地，很想打盹一下，养养精神，但是一想昼寝是不道德，又奋勉前进。龟背既重，龟头又小，五尺以外的平地，便看不见。他有点眼花缭乱了。
>
> 这时的兔子，因为能随兴所之，越跑越有趣，越有趣越精神，已经赶到离路半里许的河边树下。看见风景清幽，也就顺便打盹。醒后精神百倍，把赛跑之事完全丢在脑后。在这正愁无事可做之时，看见前边一只松鼠跑过，认为怪物，一定要追上去看他，看看他的尾巴到底有多大，可以回来告诉他的母亲。
>
> 于是他便开步追，松鼠见他追，便开步跑。奔来跑去，忽然松鼠跳上一棵大树。兔子正在树下翘首高望之时，忽然听见背后有叫声道："兔弟弟，你夺得冠军了！"
>
> 兔子回头一看，原来是评判员狐狸大哥，而那棵树，也就是他们赛跑的终点。那只龟呢，因为他想吃苦，还在半里外匍匐而行。
>
> 凡事须求性情所近，始有成就。
>
> 世上愚人，类皆有恒心。
>
> 做龟的不应同兔赛跑。

操作步骤如下。

1. 在 Word 2007 中打开"龟与兔赛跑.docx"文档，选定除标题外的全部内容。
2. 单击【页面布局】选项卡【页面设置】组中的 ▦分栏▾ 按钮，从打开的【分栏】列表中选择【三栏】选项。
3. 将鼠标光标移动到文档的最后，按 Enter 键。
4. 单击【页面布局】选项卡【页面设置】组中的 分隔符▾ 按钮，打开如图 3-19 所示的【分隔符】列表，选择【连续】选项。
5. 单击 ⊞ 按钮，在打开的菜单中选择【另存为】/【Word 文档】命令，以"龟与兔赛跑 1.docx"为文件名保存文档，然后关闭文档。

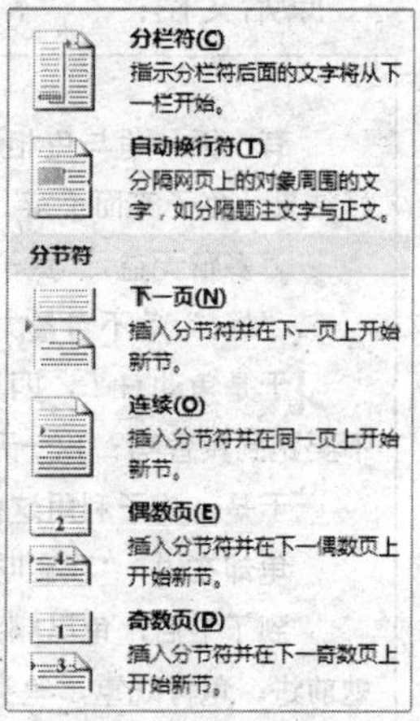

分栏符(C)
指示分栏符后面的文字将从下一栏开始。

自动换行符(T)
分隔网页上的对象周围的文字，如分隔题注文字与正文。

分节符

下一页(N)
插入分节符并在下一页上开始新节。

连续(O)
插入分节符并在同一页上开始新节。

偶数页(E)
插入分节符并在下一偶数页上开始新节。

奇数页(D)
插入分节符并在下一奇数页上开始新节。

图3-19　【分隔符】列表

3.3.7　设置分栏（二）

操作要求：将"龟与兔赛跑.docx"文档设置为分栏格式，并另存为"龟与兔赛跑2.docx"。排版后的效果如下：

龟与兔赛跑

有一天，龟与兔相遇于草场，龟在夸大他的恒心，说兔不能吃苦，只管跳跃寻乐，长此以往，将来必无好结果，兔子笑而不辩。

"多辩无益，"兔子说，"我们来赛跑，好不好？就请狐狸大哥为评判员。"

"好。"龟不自量力地说。

于是龟动身了，四只脚作八只脚跑了一刻钟，只有三丈余，兔子不耐烦了，而有点懊悔。"这样跑法，可不要跑到黄昏吗？我一天宝贵的光阴，都牺牲了。"

于是，兔子利用这些光阴，去吃野草，随兴所之，极其快乐。

龟却在说："我会吃苦，我有恒心，总会跑到。"

到了午后，龟已精疲力竭了，走到阴凉之地，很想打盹一下，养养精神，但是一想昼寝是不道德，又奋勉前进。龟背既重，龟头又小，五尺以外的平地，便看不见。他有点眼花缭乱了。

这时的兔子，因为能随兴所之，越跑越有趣，越有趣越精神，已经赶到离路半里许的河边树下。看见风景清幽，也就顺便打盹。醒后精神百倍，把赛跑之事完全丢在脑后。在这正愁无事可做之时，看见前边一只松鼠跑过，认为怪物，一定要追上去看他，看看他的尾巴到底有多大，可以回来告诉他的母亲。

于是他便步步追，松鼠见他追，便步步跑。奔来跑去，忽然松鼠跳上一棵大树。兔子正在树下翘首高望之时，忽然听见背后有叫声道："兔弟弟，你夺得冠军了！"

兔子回头一看，原来是评判员狐狸大哥，而那棵树，也就是他们赛跑的终点。那只龟呢，因为他想吃苦，还在半里外匍匐而行。

凡事须求性情所近，始有成就。

世上愚人，类皆有恒心。

做龟的不应同兔赛跑。

操作步骤如下。

1. 在 Word 2007 中打开"龟与兔赛跑.docx"文档。
2. 选定"多辩无益，"到"总会跑到。"之间的内容。

3. 单击【页面布局】选项卡【页面设置】组中的 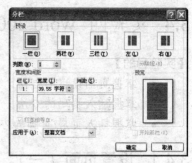 按钮,从打开的【分栏】列表中选择【更多分栏】选项,弹出如图 3-20 所示的【分栏】对话框。

4. 在【分栏】对话框中,选择【两栏】选项,再勾选【分隔线】复选项,单击 确定 按钮。

5. 选定"这时的兔子,"到"匍匐而行。"之间的内容。按照步骤 3 的方法打开【分栏】对话框。

6. 在【分栏】对话框中,选择【三栏】选项,再勾选【分隔线】复选项,单击 确定 按钮。

图3-20 【分栏】对话框

7. 单击 按钮,在打开的菜单中选择【另存为】/【Word 文档】命令,以"龟与兔赛跑 2.docx"为文件名保存文档,然后关闭文档。

3.3.8 设置首字下沉

操作要求:将"指鹿为马.docx"文档设置首字下沉。排版后的样式如下:

指鹿为马

秦二世时,丞相赵高野心勃勃,日夜盘算着要篡夺皇位。可朝中大臣有多少人能听他摆布,有多少人反对他,他心中没底。于是,他想了一个办法,准备试一试自己的威信,同时也可以摸清敢于反对他的人。

有一天上朝时,赵高让人牵来一只鹿,满脸堆笑地对秦二世说:"陛下,我献给您一匹好马。"秦二世一看,心想:这哪里是马,这分明是一只鹿嘛!便笑着对赵高说:"丞相搞错了,这是一只鹿,你怎么说是马呢?"赵高面不改色心不跳地说:"请陛下看清楚,这的确是一匹千里马。"秦二世又看了看那只鹿,将信将疑地说:"马的头上怎么会长角呢?"赵高一转身,用手指着众大臣,大声说:"陛下如果不信我的话,可以问问众位大臣。"

大臣们都被赵高的一派胡言搞得不知所措,私下里嘀咕:这个赵高搞什么名堂?是鹿是马这不是明摆着吗!当看到赵高脸上露出阴险的笑容,两只眼睛骨碌碌轮流地盯着每个人的时候,大臣们忽然明白了他的用意。

那些胆小又有正义感的人都低下头,不敢说话,因为说假话,对不起自己的良心,说真话又怕日后被赵高所害。那些正直的人,坚持认为是鹿而不是马。那些平时就紧跟赵高的奸佞之人立刻表示拥护赵高的说法,对皇上说,"这确是一匹千里马!"

操作步骤如下。

1. 在 Word 2007 中打开"指鹿为马.docx"文档。

2. 将鼠标光标移动到第 1 段,单击【插入】选项卡【文本】组中的【首字下沉】按钮,弹出如图 3-21 所示的【首字下沉】对话框。

3. 在【首字下沉】对话框中,选择【下沉】选项,在【下沉行数】数值框中输入"2",单击 确定 按钮。

4. 用同样方法设置其他段的首字下沉。

5. 单击 按钮保存文档,然后关闭文档。

图3-21 【首字下沉】对话框

3.4 实验四 Word 2007 页面的排版

【实验目的】

- 掌握页面设置的方法。
- 掌握插入页码的方法。
- 掌握插入页眉/页脚的方法。

3.4.1 设置页面（一）

设置前面实验中的"指鹿为马.docx"文档，操作要求如下。

- 设置纸张大小为"32 开"、纸张方向为"横向"。
- 设置上、下页边距为"2 厘米"，左、右边距为"1.5 厘米"。
- 设置装订线为"1 厘米"，装订线位于"左侧"。

排版后的效果如图 3-22 所示。

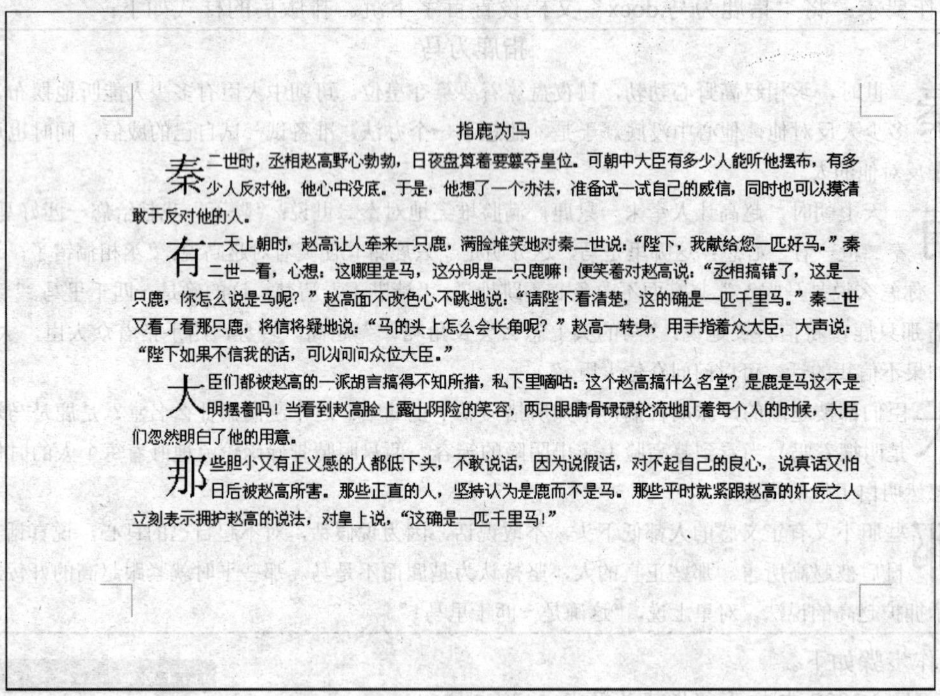

图3-22　设置页面后的文档

操作步骤如下。

1. 在 Word 2007 中打开"指鹿为马.docx"文档。
2. 单击【页面布局】选项卡【页面设置】组中的 纸张大小 按钮，打开如图 3-23 所示的【纸张大小】列表，设置纸张类型为"32 开"。
3. 单击【页面布局】选项卡【页面设置】组中的 纸张方向 按钮，从打开的【纸张方向】列表中设置纸张方向为"横向"。
4. 单击【页面布局】选项卡【页面设置】组中的【页边距】按钮，从打开的【页边距】列表中选择【自定义边距】选项，弹出如图 3-24 所示的【页面设置】对话框。

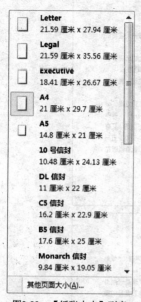

图3-23 【纸张大小】列表

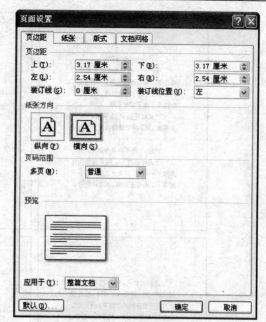

图3-24 【页面设置】对话框

5. 切换到【页边距】选项卡，在【上】、【下】数值框中输入数值"2 厘米"，在【左】、【右】数值框中输入数值"1.5 厘米"。

6. 在【页边距】选项卡中，在【装订线】数值框中输入数值"1 厘米"，在【装订线位置】下拉列表中选择【左】，单击 确定 按钮。

7. 单击 按钮保存文档，然后关闭文档。

3.4.2 设置页面（二）

设置前面实验"龟与兔赛跑.docx"文档，操作要求如下。

- 设置纸张宽为"8 厘米"，高为"10 厘米"。上、下页边距为"1.8 厘米"，左、右边距为"1.5 厘米"。
- 设置页眉距上、下边界为"1 厘米"。在页面底端插入默认格式的页码，页码居中。
- 设置排版完成后，文档另存为"龟与兔赛跑 3.docx"。

排版后的效果如图 3-25 所示。

操作步骤如下。

1. 在 Word 2007 中打开"龟与兔赛跑.docx"文档。

2. 单击【页面布局】选项卡【页面设置】组中的 纸张大小 按钮，打开【纸张大小】列表（见图 3-23），从中选择【其他页面大小】选项，弹出如图 3-26 所示的【页面设置】对话框，默认选项卡是【纸张】选项卡。

3. 在【纸张】选项卡中，在【宽度】数值框中输入"8 厘米"，在高度数值框中输入"10 厘米"。

4. 切换到【页边距】选项卡（见图 3-24），在【上】、【下】数值框中输入数值"1.8 厘米"，在【左】、【右】数值框中输入数值"1.5 厘米"。

图3-25　设置页面后的文档

5. 切换到【版式】选项卡（见图3-27），在【页眉】数值框中输入数值"1厘米"，在【页脚】数值框中输入数值"1厘米"，单击 确定 按钮。

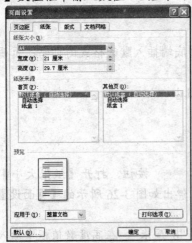

图3-26　【纸张】选项卡

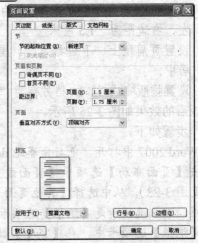

图3-27　【版式】选项卡

6. 单击【插入】选项卡【页眉和页脚】组中的【页码】按钮，从打开的【页码】列表中选择【页面底端】/【普通数字2】选项。

7. 单击 按钮，在打开的菜单中选择【另存为】/【Word 文档】命令，以"龟与兔赛跑 3.docx"为文件名保存文档，然后关闭文档。

3.4.3 设置页眉、页脚和页码（一）

设置前面实验"指鹿为马.docx"文档，操作要求如下。

- 插入页码，位于页面底端居中。
- 页码格式为"- 1 -"，起始页码为"8"。

排版后的效果如图 3-28 所示。

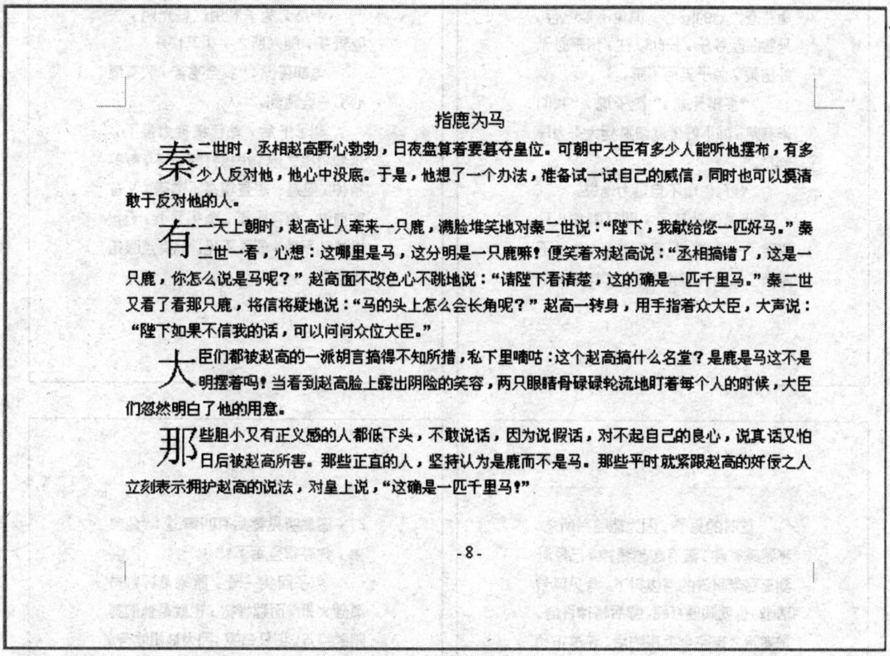

指鹿为马

秦二世时，丞相赵高野心勃勃，日夜盘算着要篡夺皇位。可朝中大臣有多少人能听他摆布，有多少人反对他，他心中没底。于是，他想了一个办法，准备试一试自己的威信，同时也可以摸清敢于反对他的人。

有一天上朝时，赵高让人牵来一只鹿，满脸堆笑地对秦二世说："陛下，我献给您一匹好马。"秦二世一看，心想：这哪里是马，这分明是一只鹿嘛！便笑着对赵高说："丞相搞错了，这是一只鹿，你怎么说是马呢？"赵高面不改色心不跳地说："请陛下看清楚，这的确是一匹千里马。"秦二世又看了看那只鹿，将信将疑地说："马的头上怎么会长角呢？"赵高一转身，用手指着众大臣，大声说："陛下如果不信我的话，可以问问众位大臣。"

大臣们都被赵高的一派胡言搞得不知所措，私下里嘀咕：这个赵高搞什么名堂？是鹿是马这不是明摆着吗！当看到赵高脸上露出阴险的笑容，两只眼睛骨碌碌轮流地盯着每个人的时候，大臣们忽然明白了他的用意。

那些胆小又有正义感的人都低下头，不敢说话，因为说假话，对不起自己的良心，说真话又怕日后被赵高所害。那些正直的人，坚持认为是鹿而不是马。那些平时就紧跟赵高的奸佞之人立刻表示拥护赵高的说法，对皇上说，"这确是一匹千里马！"

- 8 -

图3-28 设置页码后的文档

操作步骤如下。

1. 在 Word 2007 中打开"指鹿为马.docx"文档。
2. 单击【插入】选项卡【页眉和页脚】组中的【页码】按钮，从打开的【页码】列表中选择【页面底端】/【普通数字 2】选项。
3. 单击【插入】选项卡【页眉和页脚】组中的【页码】按钮，从打开的【页码】列表中选择【设置页面格式】选项，弹出如图 3-29 所示的【页码格式】对话框。
4. 在【页码格式】对话框中，在【编号格式】下拉列表中选择"- 1 -, - 2 -, - 3 -"。
5. 在【页码格式】对话框中，点选【起始页码】单选项，并在其右侧的数值框中输入"8"。
6. 在【页码格式】对话框中，单击 确定 按钮。
7. 单击 按钮保存文档，然后关闭文档。

图3-29 【页码格式】对话框

3.4.4 设置页眉、页脚和页码（二）

操作要求：设置前面实验"龟与兔赛跑 3.docx"文档，设置奇数页页眉为"名家名篇"，偶数页页眉为"gaocd"（作者名）。排版后的效果如图 3-30 所示。

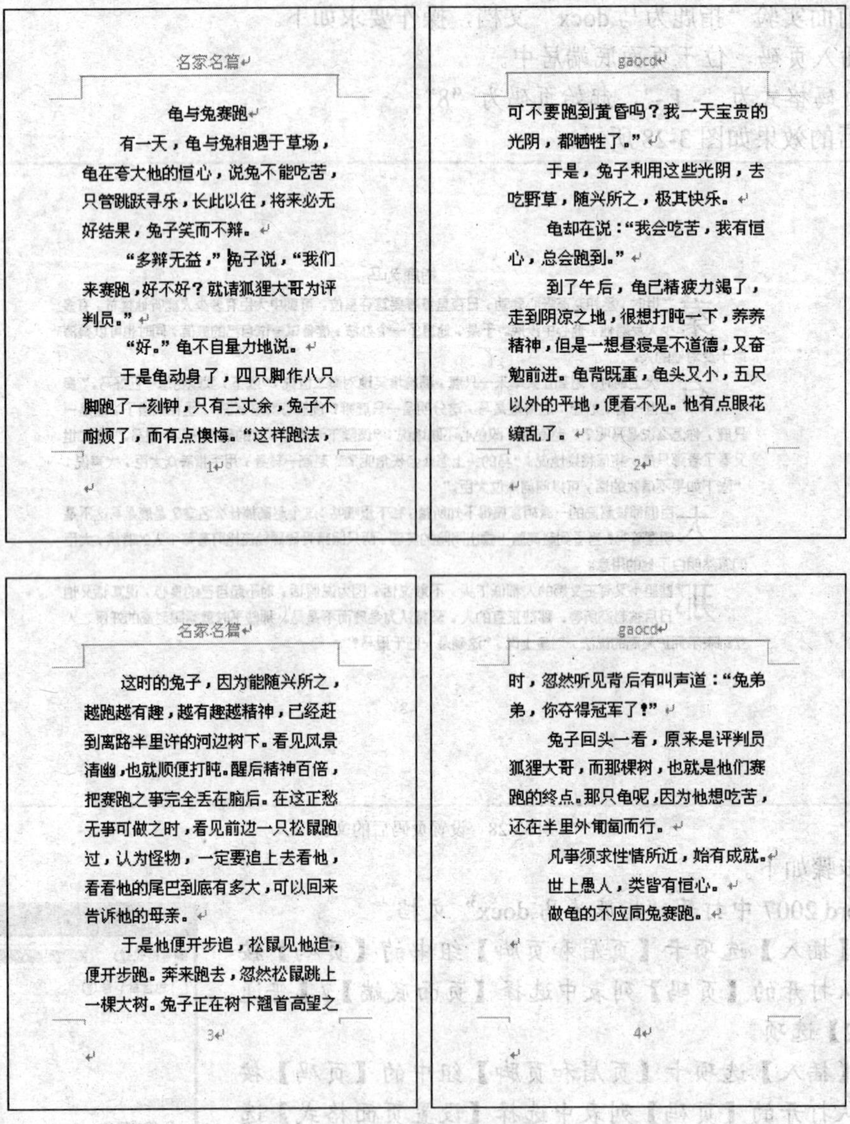

名家名篇

龟与兔赛跑

有一天，龟与兔相遇于草场，龟在夸大他的恒心，说兔不能吃苦，只管跳跃寻乐，长此以往，将来必无好结果，兔子笑而不辩。

"多辩无益，"兔子说，"我们来赛跑，好不好？就请狐狸大哥为评判员。"

"好。"龟不自量力地说。

于是龟动身了，四只脚作八只脚跑了一刻钟，只有三丈余，兔子不耐烦了，而有点懊悔。"这样跑法，

1

gaocd

可不要跑到黄昏吗？我一天宝贵的光阴，都牺牲了。"

于是，兔子利用这些光阴，去吃野草，随兴所之，极其快乐。

龟却在说："我会吃苦，我有恒心，总会跑到。"

到了午后，龟已精疲力竭了，走到阴凉之地，很想打盹一下，养养精神，但是一想昼寝是不道德，又奋勉前进。龟背既重，龟头又小，五尺以外的平地，便看不见。他有点眼花缭乱了。

2

名家名篇

这时的兔子，因为能随兴所之，越跑越有趣，越有趣越精神，已经赶到离路半里许的河边树下。看见风景清幽，也就顺便打盹。醒后精神百倍，把赛跑之事完全丢在脑后。在这正愁无事可做之时，看见前边一只松鼠跑过，认为怪物，一定要追上去看他，看看他的尾巴到底有多大，可以回来告诉他的母亲。

于是他便开步追，松鼠见他追，便开步跑。奔来跑去，忽然松鼠跳上一棵大树。兔子正在树下翘首高望之

3

gaocd

时，忽然听见背后有叫声道："兔弟弟，你夺得冠军了！"

兔子回头一看，原来是评判员狐狸大哥，而那棵树，也就是他们赛跑的终点。那只龟呢，因为他想吃苦，还在半里外匍匐而行。

凡事须求性惰所近，始有成就。世上愚人，类皆有恒心。做龟的不应同兔赛跑。

4

图3-30 设置页眉后的文档

操作步骤如下。

1. 在 Word 2007 中打开"龟与兔赛跑 3.docx"文档。

2. 单击【插入】选项卡【页眉和页脚】组中的【页眉】按钮，在打开的【页眉】列表（见图 3-31）中选择【空白】选项，进入"页眉和页脚编辑"状态，同时功能区出现【设计】选项卡。

3. 在第 1 页的页眉中输入"名家名篇"。

4. 在第 2 页的页眉中单击鼠标，单击【设计】选项卡【插入】组的【文档部件】按钮，在弹出的【文档部件】列表（见图 3-32）中选择【文档属性】/【作者】选项。

图3-31 【页眉】列表　　　　　图3-32 【文档部件】列表

5. 单击【设计】选项卡【关闭】组中的【关闭页眉和页脚】按钮。
6. 单击 ■ 按钮保存文档，然后关闭文档。

3.5 实验五 Word 2007 表格制作

【实验目的】
- 掌握插入表格的方法。
- 掌握绘制斜线表头的方法。
- 掌握编辑表格的方法。
- 掌握设置表格的方法。

3.5.1 建立简单的表格

操作要求：建立以下表格，并以"成绩表.docx"为文件名保存到"我的文档"文件夹中。

学号	姓名	数学	语文	英语	总分
20020101	赵春梅	88	94	92	
20020102	钱夏兰	87	83	77	
20020103	孙秋竹	98	97	96	
20020104	李冬菊	79	84	84	

操作步骤如下。
1. 启动 Word 2007。
2. 单击【插入】选项卡【表格】组中的【表格】按钮，打开如图 3-33 所示的【插入表格】列表。用鼠标拖拉出 1 个 5 行 6 列的表格。

3. 在插入表格的单元格中输入相应的文字和数据。

4. 单击 按钮，以"成绩表.docx"为文件名保存文档到"我的文档"文件夹中，然后关闭文档。

要点提示 步骤2还可以用以下方法实现。

在【插入表格】列表中选择【插入表格】选项，弹出如图 3-34 所示的【插入表格】对话框。在【列数】数值框中输入或调整数值为"5"，在【行数】数值框中输入或调整数值为"4"，单击 确定 按钮。

图3-33 【插入表格】列表

图3-34 【插入表格】对话框

3.5.2 把文本转换成表格

操作要求：把文档"文学家.docx"中的文字转换为表格，并保存。

文档中的文字：

姓名 朝代 作品	
屈原 战国 《楚辞》	
左丘明 战国 《左传》	
司马迁 西汉 《史记》	
司马光 北宋 《资治通鉴》	
施耐庵 元末明初 《水浒传》	
罗贯中 元末明初 《三国演义》	
吴承恩 明 《西游记》	
汤显祖 明 《牡丹亭》	
蒲松龄 清 《聊斋志异》	
孔尚任 清 《桃花扇》	
吴敬梓 清 《儒林外史》	
曹雪芹 清 《红楼梦》	

转换后的表格：

姓名	朝代	作品
屈原	战国	《楚辞》
左丘明	战国	《左传》
司马迁	西汉	《史记》
司马光	北宋	《资治通鉴》
施耐庵	元末明初	《水浒传》
罗贯中	元末明初	《三国演义》
吴承恩	明	《西游记》
汤显祖	明	《牡丹亭》
蒲松龄	清	《聊斋志异》
孔尚任	清	《桃花扇》
吴敬梓	清	《儒林外史》
曹雪芹	清	《红楼梦》

操作步骤如下。

1. 在 Word 2007 中打开"文学家.docx"文档。
2. 按 Ctrl+A 组合键选定全部文本。
3. 单击【插入】选项卡【表格】组中的【表格】按钮，打开【插入表格】列表，选择【文本转换成表格】选项，弹出如图 3-35 所示的【将文字转换成表格】对话框。
4. 在【将文字转换成表格】对话框中，不改变【列数】和【行数】的值，点选【根据内容调整表格】单选项。
5. 单击 确定 按钮。
6. 单击 按钮保存文档，然后关闭文档。

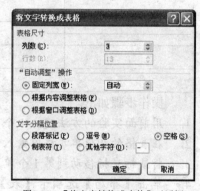

图3-35 【将文字转换成表格】对话框

3.5.3 建立简单表头的表格

操作要求：建立以下表格，并以"收支表.docx"为文件名保存到"我的文档"文件夹中。

项目 季度	收入	支出	结余
第一季度			
第二季度			
第三季度			
第四季度			
合计			

操作步骤如下。

1. 用前面实验的方法建立1个6行4列的表格。
2. 在第1个单元格中输入"项目"后按 Enter 键，再输入"季度"。
3. 在其他单元格中输入相应的内容。
4. 将鼠标光标移动到第1个单元格，单击 按钮旁的 按钮，在弹出的列表中单击 按钮。
5. 将鼠标光标移动到第1个单元格中的开始处，单击 按钮。
6. 单击 按钮，以"收支表.docx"为文件名保存文档，然后关闭文档。

3.5.4 建立复杂表头的表格

操作要求：建立以下表格，并以"学生名单.docx"为文件名保存到"我的文档"文件夹中。

成绩\项目\姓名	期　中	期　末	总　评

操作步骤如下。

1. 用前面实验的方法建立1个5行4列的表格，要求表格前空出1行。
2. 在表格的相应单元格中输入"期中"、"期末"和"总评"。
3. 将鼠标光标移动到第1个单元格，按 Enter 键4次。
4. 单击【布局】选项卡【表】组中的【绘制斜线表头】按钮，弹出如图3-36所示的【插入斜线表头】对话框。
5. 在【表头样式】下拉列表中选择【样式二】选项，在【字体大小】下拉列表中选择【五号】，在【行标题】文本框中输入"项目"，在【数据标题】文本框中输入"成绩"，在【列标题】文本框中输入"姓名"，单击 确定 按钮。

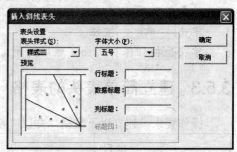

图3-36 【插入斜线表头】对话框

6. 单击 按钮，以"学生名单.docx"为文件名保存到"我的文档"文件夹中，然后关闭文档。

3.5.5 编辑表格（一）

操作要求：编辑文档"费用表.docx"中的表格并保存。

原始表格：

	公交	出租	电话	手机
研发部				
生产部				
市场部				
销售部				
服务部				
合　计				

编辑后的表格：

项目 部门	交通费		通信费		合计
	公交	出租	电话	手机	
研发部					
生产部					
销售部					
服务部					
合　计					

操作步骤如下。

1. 在 Word 2007 中打开"费用表.docx"文档。

2. 将鼠标光标移动到表格的第 4 行，单击【布局】选项卡【行和列】组中的【删除】按钮，在打开的菜单中选择【删除行】命令。

3. 将鼠标光标移动到表格的最后 1 列，单击【行和列】组中的【在右侧插入】按钮。

4. 将鼠标光标移动到表格的第 1 行，单击【行和列】组中的【在上方插入】按钮。

完成以上操作后，表格如下所示：

	公交	出租	电话	手机	
研发部					
生产部					
销售部					
服务部					
合　计					

5. 选定表格第 1 列的第 1 行和第 2 行，单击【布局】选项卡【合并】组中的 合并单元格 按钮。

6. 用同样的方法合并表格第 1 行的第 2 列和第 3 列，第 1 行的第 4 列和第 5 列，第 6 列的第 1 行和第 2 行。

7. 在表格的相应单元格中输入"交通费"、"通信费"和"合计"。

8. 将鼠标光标移动到第 1 个单元格，输入"项目"，按 Enter 键后再输入"部门"。

9. 将鼠标光标移动到第 1 个单元格，单击【设计】选项卡【表样式】组中 边框 按钮右边的 按钮，在弹出的列表中单击 按钮。

10. 将鼠标光标移动到第 1 个单元格的开始处，单击【开始】选项卡【段落】组中的 按钮。

11. 单击 按钮保存文档，然后关闭文档。

3.5.6 编辑表格（二）

操作要求：编辑文档"登记表.docx"中的表格并保存。

原始表格：

姓名		性别		出生日期		照片	
毕业学校				政治面貌			
籍贯				健康状况			
家庭住址							
考试成绩	数学		语文		英语	政治	物理

编辑后的表格：

姓名		性别		出生日期		照片	
曾用名		民族		家庭出身			
毕业学校				政治面貌			
籍贯				健康状况			
家庭住址							
考试成绩	数学	语文	英语	政治	物理	化学	体育	总分

操作步骤如下：

1. 在 Word 2007 中打开"登记表.docx"文档。
2. 将鼠标光标移动到表格的第 2 行，单击【布局】选项卡【行和列】组中的【在上方插入】按钮。
3. 将鼠标光标移动到表格的第 3 列，单击【布局】选项卡【行和列】组中的【在右侧插入】按钮。
4. 选定表格最后两行除第 1 列以外的各列，单击【布局】选项卡【合并】组中的 拆分单元格 按钮，弹出如图 3-37 所示的【拆分单元格】对话框。
5. 在【列数】数值框中输入或调整数值为"8"。
6. 单击 确定 按钮。

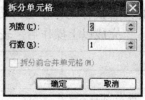

图3-37 【拆分单元格】对话框

完成以上操作后，表格如下所示：

姓名		性别		出生日期		照片
毕业学校				政治面貌		
籍贯				健康状况		
家庭住址						
考试成绩	数学	语文	英语	政治	物理	

7. 在表格的相应单元格中输入"曾用名"、"民族"、"家庭出身"、"化学"、"体育"和"总分"。

8. 选定表格最后 1 列的 1～5 行,单击【布局】选项卡【合并】组中的 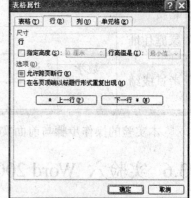合并单元格 按钮。
9. 选定表格第 1 列的最后 2 行,单击【布局】选项卡【合并】组中的 合并单元格 按钮。
10. 选定表格第 3 行的 2～4 列,单击【布局】选项卡【合并】组中的 合并单元格 按钮。
11. 选定表格第 4 行的 2～4 列,单击【布局】选项卡【合并】组中的 合并单元格 按钮。
12. 选定表格第 5 行的 2～6 列,单击【布局】选项卡【合并】组中的 合并单元格 按钮。
13. 单击 按钮保存文档,然后关闭文档。

3.5.7 设置表格(一)

操作要求:把前面实验文档"费用表.docx"设置成以下格式。

项目\\部门	交通费		通信费		合计
	公交	出租	电话	手机	
研发部					
生产部					
销售部					
服务部					
合 计					

操作步骤如下。

1. 在 Word 2007 中打开"费用表.docx"文档。
2. 将鼠标光标移动到表格中,单击【布局】选项卡【表】组中的 选择 按钮,在打开的菜单中选择【选择表格】命令。
3. 单击【布局】选项卡【表】组中的 属性 按钮,在弹出的【表格属性】对话框中,切换到【行】选项卡,如图 3-38 所示。
4. 在【行】选项卡中,勾选【指定高度】复选项,然后在其右边的数值框中输入或调整数值为"0.8 厘米",单击 确定 按钮。
5. 单击【布局】选项卡【对齐方式】组(见图 3-39)中的 按钮。
6. 在【设计】选项卡的【绘图边框】组(见图 3-40)的【线条粗细】下拉列表(第 2 个下拉列表)中选择【1.5 磅】。

图3-38 【行】选项卡

图3-39 【对齐方式】组

图3-40 【绘图边框】组

7. 单击【设计】选项卡【表样式】组中[边框]按钮右边的[▾]按钮，在弹出的列表中单击[⊞]按钮。

8. 将鼠标光标移动到第1个单元格的开始处，单击【开始】选项卡【段落】组中的[≡]按钮，将鼠标个光标移动到第1个单元格的最后，单击【开始】选项卡【段落】组中的[≡]按钮。

9. 在【设计】选项卡的【绘图边框】组（见图 3-40）的【线条类型】下拉列表（第1个下拉列表）中选择双线型线条。

10. 选定"研发部"一行，单击【设计】选项卡【表样式】组中[边框]按钮右边的[▾]按钮，在弹出的列表中单击[⊞]按钮。

11. 选定表格最后 1 行，单击【设计】选项卡【表样式】组中[边框]按钮右边的[▾]按钮，在弹出的列表中单击[⊞]按钮。

12. 将鼠标光标移动到第 1 列最后一个单元格，单击【设计】选项卡【表样式】组中的[底纹▾]按钮，在弹出的【颜色】列表（见图 3-41）中选择第 4 行第 1 列的颜色（灰色 − 25%）。

13. 用同样方法设置第 1 行最后 1 个单元格的底纹。

14. 单击[💾]按钮保存文档，然后关闭文档。

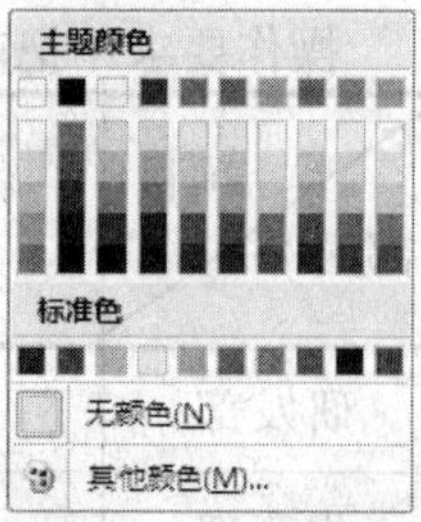

图3-41 【颜色】列表

3.5.8 设置表格（二）

操作要求：把前面实验文档"登记表.docx"设置成以下格式。

姓名		性别		出生日期			
曾用名		民族		家庭出身			照片
毕业学校				政治面貌			
籍贯				健康状况			
家庭住址							
考试成绩	数学	语文	英语	政治	物理	化学	体育	总分

本实验的操作步骤与前面实验类似，这里不再给出详细步骤。

3.6 实验六 Word 2007 对象的操作

【实验目的】

- 掌握图形的操作方法。
- 掌握图片的操作方法。
- 掌握艺术字的操作方法。
- 掌握文本框的操作方法。
- 掌握公式的操作方法。

3.6.1　插入图形（一）

操作要求：在文档中建立如图 3-42 所示的图形，以"向往.docx"为文件名保存在"我的文档"文件夹中。

图3-42　文档中插入的图形（1）

操作步骤如下。

1. 在 Word 2007 中新建 1 个文档。
2. 单击【插入】选项卡【插图】组中的【形状】按钮，在打开的列表中单击【基本形状】类（见图 3-43）中的 ▢ 按钮。
3. 按住 Shift 键，在文档的合适位置中拖曳鼠标，绘出与铜钱大小大致相同的圆。
4. 单击【插入】选项卡【插图】组中的【形状】按钮，在打开的列表中单击【基本形状】类中的 ▢ 按钮。
5. 按住 Shift 键，在文档中拖曳鼠标，绘出与铜钱中间正方形大小大致相同的正方形。
6. 拖曳正方形到圆的中心，效果如图 3-44 所示。

图3-43　【基本形状】类中的形状

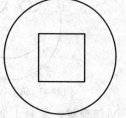

图3-44　初始铜钱效果

7. 选定正方形，单击【格式】选项卡【大小】组右下角的 ▫ 按钮，弹出【设置自选图形格式】对话框，默认选项卡是【大小】选项卡，如图 3-45 所示。
8. 在【大小】选项卡的【旋转】数值框中，输入或调整数值为"45°"，单击　确定　按钮，效果如图 3-46 所示。

图3-45　【大小】选项卡

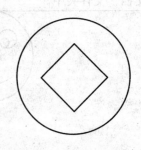

图3-46　最终铜钱效果

9. 单击【插入】选项卡【插图】组中的【形状】按钮，在打开的列表中单击【基本形状】类中的 ☺ 按钮。

10. 按住 Shift 键，在铜钱的左上方文档中拖曳鼠标，绘出与要求大致相同的笑脸。

11. 单击【插入】选项卡【插图】组中的【形状】按钮，在打开的列表中单击【基本形状】类中的 ◯ 按钮。

12. 按住 Shift 键，在文档中拖曳鼠标，绘出与眼睛大致相同的圆。

13. 选定刚绘制的圆，按 Ctrl+C 组合键，再按 Ctrl+V 组合键，复制 1 个圆。

14. 拖曳绘制和复制的圆到笑脸上的合适位置，如图 3-47 所示。

15. 按住 Ctrl 键，单击笑脸和笑脸上的两个圆，单击【格式】选项卡【排列】组中的 按钮，在弹出的菜单中选择【组合】命令。

16. 选定刚组合的瞪眼笑脸，按 Ctrl+C 组合键，再按 Ctrl+V 组合键，复制 1 个瞪眼笑脸。拖曳该瞪眼笑脸到铜钱的右上方。

17. 单击【格式】选项卡【排列】组中的 按钮，在弹出的菜单中选择【水平翻转】命令，完成第 2 个瞪眼笑脸，如图 3-48 所示。

图3-47　第 1 个瞪眼的笑脸

图3-48　第 2 个瞪眼的笑脸

18. 按 Ctrl+V 组合键，复制 1 个瞪眼笑脸，拖曳该瞪眼笑脸到铜钱的左下方。

19. 单击【格式】选项卡【排列】组中的 按钮，在弹出的菜单中选择【取消组合】命令。

20. 拖曳刚取消组合的瞪眼笑脸中的 2 个圆到合适位置，完成第 3 个瞪眼笑脸，如图 3-49 所示。

21. 按住 Ctrl 键，单击刚改变眼睛位置的笑脸和笑脸上的 2 个圆，单击【格式】选项卡【排列】组中的 按钮，在弹出的菜单中选择【组合】命令。

22. 选定刚组合的瞪眼笑脸，按 $\boxed{\text{Ctrl}}$+$\boxed{\text{C}}$ 组合键，再按 $\boxed{\text{Ctrl}}$+$\boxed{\text{V}}$ 组合键，复制 1 个瞪眼笑脸。拖曳该瞪眼笑脸到铜钱的右下方。

23. 单击【格式】选项卡【排列】组中的 按钮，在弹出的菜单中选择【水平翻转】命令，完成第 4 个瞪眼笑脸，如图 3-50 所示。

图3-49　第 3 个瞪眼的笑脸　　　　　图3-50　第 4 个瞪眼的笑脸

24. 至此，便完成所有图形了。单击 按钮，以"向往.docx"为文件名保存到"我的文档"文件夹中，然后关闭文档。

3.6.2　插入图形（二）

操作要求：在文档中建立如图 3-51 所示的图形，以"心心相印.docx"为文件名保存在"我的文档"文件夹中。

图3-51　文档中插入的图形（2）

操作步骤如下。

1. 在 Word 2007 中新建 1 个文档。

2. 单击【插入】选项卡【插图】组中的【形状】按钮，在打开的列表中单击【基本形状】类中的 按钮。

3. 按住 $\boxed{\text{Shift}}$ 键，在文档中拖曳鼠标，绘出与要求大致相同的心形。

4. 选定刚绘制的心形，按 $\boxed{\text{Ctrl}}$+$\boxed{\text{C}}$ 组合键，再按 $\boxed{\text{Ctrl}}$+$\boxed{\text{V}}$ 组合键，复制 1 个心形。

5. 拖曳刚复制的心形到另外的位置。

6. 单击第 1 个心形，单击【格式】选项卡【形状样式】组中 按钮右边的 按钮，在打开的【填充颜色】列表（见图 3-52）中选择第 5 行第 1 列的颜色（灰色－35%）。

7. 单击【格式】选项卡【阴影效果】组中的【阴影效果】按钮，在打开的【阴影】列表（见图 3-53）中选择【透视阴影】类的第 4 个图标。此时，心形效果如图 3-54 所示。

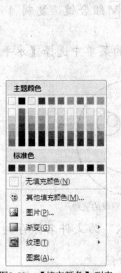

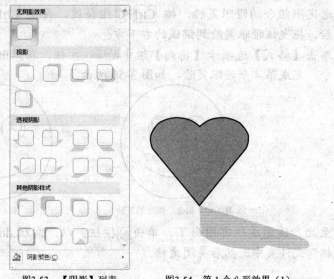

图3-52 【填充颜色】列表　　　图3-53 【阴影】列表　　　图3-54 第1个心形效果（1）

8. 单击【格式】选项卡【大小】组右下角的 按钮，弹出【设置自选图形格式】对话框中，默认选项卡为【颜色与线条】选项卡，如图3-55所示。

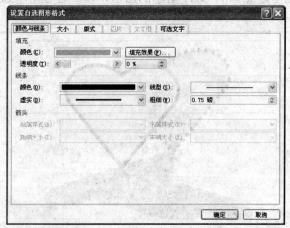

图3-55 【颜色与线条】选项卡

9. 在【颜色与线条】选项卡中，在【粗细】下拉列表中选择【3磅】，在【虚实】下拉菜单（见图3-56）中选择第3种样式。此时，心形效果如图3-57所示。

图3-56 【虚实】下拉列表　　　　　　　　　图3-57 第1个心形效果（2）

10. 按照步骤6～步骤7的方法，设置第2个心形，设置填充颜色为"灰色－25%"，效果如图3-58所示。

11. 按照步骤8～步骤9的方法，设置第2个心形，阴影效果是如图3-53所示的列表中

【透视阴影】类的第 4 个图标，线条粗细为 "3 磅"，虚线线型是如图 3-56 所示列表中的第 1 种样式，效果如图 3-59 所示。

图3-58 第 2 个心形效果 (1)   图3-59 第 2 个心形效果 (2)

12. 选定第 2 个心形，拖曳到合适位置。

13. 单击 按钮，以 "心心相印.docx" 为文件名保存文档到 "我的文档" 文件夹中，然后关闭文档。

3.6.3 插入艺术字（一）

操作要求：在文档中建立如图 3-60 所示的艺术字，以 "读书.docx" 为文件名保存在 "我的文档" 文件夹中。

图3-60 文档中插入的艺术字 (1)

操作步骤如下。

1. 在 Word 2007 中新建 1 个文档。

2. 单击【插入】选项卡【文本】组中的【艺术字】按钮，在弹出的【艺术字库】列表（见图 3-61）中选择第 3 行第 5 个图标，弹出如图 3-62 所示的【编辑艺术字文字】对话框。

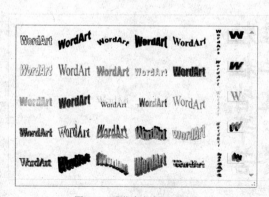

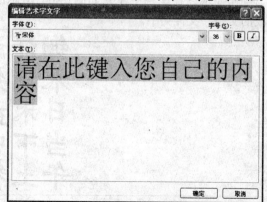

图3-61 【艺术字库】对话框   图3-62 【编辑艺术字文字】对话框

3. 在【文本】文本框中输入"书山有路勤为径"，按 Enter 键，输入"学海无涯苦作舟"，在【字体】下拉列表中选择【华文行楷】，单击 确定 按钮。

4. 单击 按钮，以"读书.docx"为文件名保存文档到"我的文档"文件夹中，然后关闭文档。

3.6.4 插入艺术字（二）

操作要求：在文档中建立如图 3-63 所示的艺术字，以"特别.docx"为文件名保存在"我的文档"文件夹中。

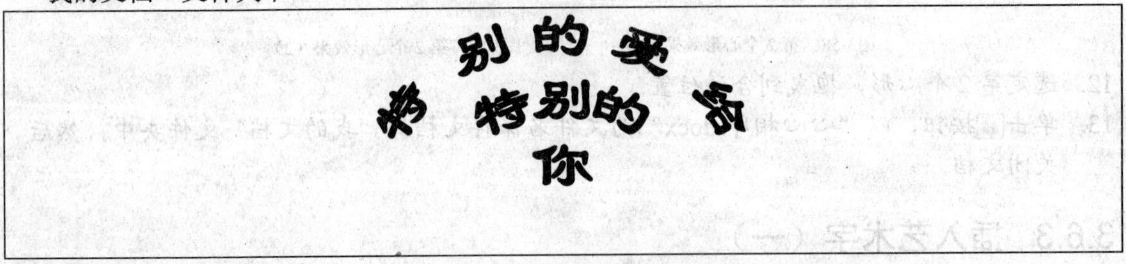

图3-63 文档中插入的艺术字（2）

操作步骤如下。

1. 在 Word 2007 中新建 1 个文档。

2. 单击【插入】选项卡【文本】组中的【艺术字】按钮，在弹出的【艺术字库】列表中选择第 1 行第 3 个图标，弹出【编辑艺术字文字】对话框。

3. 在【文本】文本框中输入"特别的爱给"，按 Enter 键，输入"特别的"，按 Enter 键，输入"你"。

4. 在【字体】下拉列表中选择【隶书】，在【字号】下拉列表中选择【24】，单击 确定 按钮。

5. 单击 按钮，以"特别.docx"为文件名保存文档到"我的文档"文件夹中，然后关闭文档。

3.6.5 艺术字操作

操作要求：在文档中建立如图 3-64 所示的艺术字，以"悯农.docx"为文件名保存在"我的文档"文件夹中。

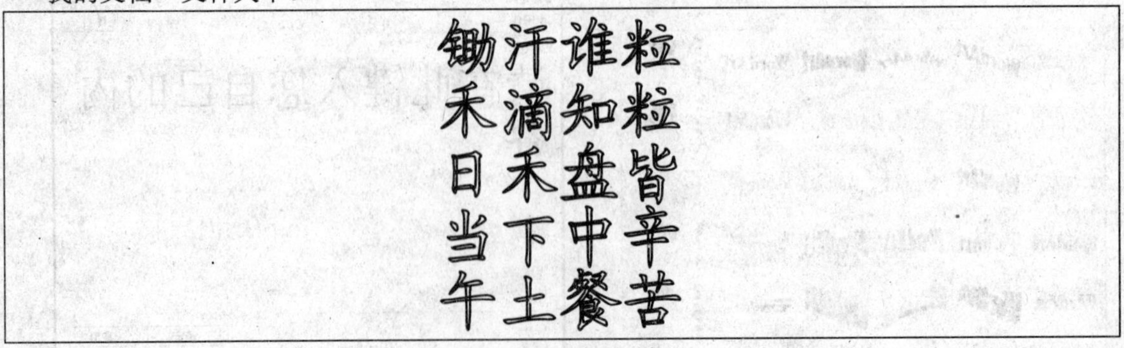

图3-64 文档中插入的艺术字（3）

操作步骤如下。

1. 在 Word 2007 中新建 1 个文档。

2. 单击【插入】选项卡【文本】组中的【艺术字】按钮，在弹出的【艺术字库】列表中选择第 1 行第 1 个图标，弹出【编辑艺术字文字】对话框。

3. 在【文本】文本框中输入"锄禾日当午"，按 Enter 键，输入"汗滴禾下土"，按 Enter 键，输入"谁知盘中餐"，按 Enter 键，输入"粒粒皆辛苦"。

4. 在【字体】下拉列表中选择【楷体_GB2312】，在【字号】下拉列表中选择"36"，单击 确定 按钮。

5. 单击【格式】选项卡【文字】组中的 按钮，把艺术字变成竖排艺术字。

6. 单击 按钮，以"悯农.docx"为文件名保存文档到"我的文档"文件夹中，然后关闭文档。

3.6.6 插入图片（一）

操作要求：在文档中插入如图 3-65 所示的剪贴画，并设置剪贴画为黑白图片，以"兔子.docx"为文件名保存在"我的文档"文件夹中。

图3-65　文档中插入的图片（1）

操作步骤如下。

1. 在 Word 2007 中新建 1 个文档。

2. 单击【插入】选项卡【插图】组中的【剪贴画】按钮，出现如图 3-66 所示的【剪贴画】任务窗格。

3. 在【剪贴画】任务窗格中，在【搜索文字】文本框内输入"兔子"，再单击 搜索 按钮，窗格中列出搜索到的"兔子"图标。

4. 单击【剪贴画】任务窗格中的"兔子"图标，在文档中插入"兔子"剪贴画，如图 3-67 所示。

5. 选定插入的兔子剪贴画，单击【格式】选项卡【调整】组中的

图3-66　【剪贴画】任务窗格　　　图3-67　插入的"兔子"剪贴画

重新着色 按钮，在打开列表中的【颜色模式】类中，单击 按钮。

6. 单击 按钮，以"兔子.docx"为文件名保存文档到"我的文档"文件夹中，然后关闭文档。

3.6.7 插入图片（二）

操作要求：在文档中插入剪贴画中的玫瑰花，并剪裁剪贴画，使其只保留一朵玫瑰花（见图3-68），以"玫瑰花.docx"为文件名保存在"我的文档"文件夹中。

操作步骤如下。

1. 在 Word 2007 中新建 1 个文档。
2. 用前面实验的方法，通过【剪贴画】任务窗格，查找并插入"玫瑰花"剪贴画，如图 3-69 所示。

图3-68 文档中插入的图片（2）

图3-69 插入的剪贴画

3. 单击【格式】选项卡【大小】组中的【剪裁】按钮，鼠标光标变成 状。
4. 将鼠标光标移动到剪贴画的左下角，然后拖曳鼠标到合适位置，松开鼠标。
5. 将鼠标光标移动到剪贴画的右上角，然后拖曳鼠标到合适位置，松开鼠标。
6. 单击 按钮，以"玫瑰花.docx"为文件名保存文档到"我的文档"文件夹中，然后关闭文档。

3.6.8 插入公式（一）

操作要求：在文档中插入如图 3-70 所示的公式，以"组合公式.docx"为文件名保存在"我的文档"文件夹中。

$$C_n^m = \frac{n!}{n!(n-m)!}$$

图3-70 文档中要插入的公式（1）

操作步骤如下。

1. 在 Word 2007 中新建 1 个文档。
2. 单击【插入】选项卡【符号】组中的 π 公式 按钮，文档中插入 1 个空白公式编辑框，如图 3-71 所示，同时功能区中出现【设计】选项卡。
3. 单击【设计】选项卡【结构】组（见图 3-72）中的【上下标】按钮，在弹出的【上下标】列表（见图 3-73）中，单击第 3 个图标，此时的公式编辑框如图 3-74 所示。

图3-71 空白公式编辑框

图3-72 【结构】组

4. 单击最左边的公式插槽，输入 "C"，单击下标插槽，输入 "n"，单击上标插槽，输入 "m"，按 →键，输入 "="，此时的公式编辑框如图 3-75 所示。

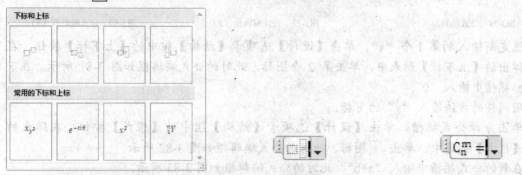

图3-73　【上下标】列表　　　　图3-74　插入结构后的公式编辑框　　　图3-75　填写完结构后的公式编辑框

5. 单击【设计】选项卡【结构】组中的【分数】按钮，在弹出的【分数】列表（见图 3-76）中，单击第 1 个图标。

6. 单击公式编辑框分子公式插槽，输入 "n!"，单击分母公式插槽，输入 "m!(n-m)!"，完成公式的输入。

7. 在公式编辑框外单击鼠标或按 Enter 键。

8. 单击 ■ 按钮，以 "组合公式.docx" 为文件名保存文档到 "我的文档" 文件夹中，然后关闭文档。

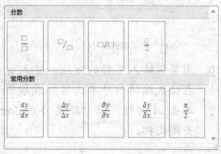

图3-76　【分数】列表

3.6.9 插入公式（二）

操作要求：在文档中插入如图 3-77 所示的公式，以 "距离公式.docx" 为文件名保存在 "我的文档" 文件夹中。

$$d = \frac{|ax_0 + by_0 + c|}{\sqrt{a^2 + b^2}}$$

图3-77　文档中要插入的公式（2）

操作步骤如下。

1. 在 Word 2007 中新建 1 个文档。

2. 单击【插入】选项卡【符号】组中的 π 公式 按钮，在文档中插入 1 个空白公式编辑框，同时功能区中出现【设计】选项卡。

3. 在公式编辑框中输入 "d="，单击【设计】选项卡【结构】组中的【分数】按钮，在弹出的【分数】列表中，单击第 1 个图标，此时的公式编辑框如图 3-78 所示。

4. 单击分子公式插槽，单击【设计】选项卡【结构】组中的【括号】按钮，在弹出的【括号】列表中，单击 图标，此时的公式编辑框如图 3-79 所示。

5. 在新的公式插槽中输入 "ax+bx+c"，此时的公式编辑框如图 3-80 所示。

图3-78 公式编辑框（1）

图3-79 公式编辑框（2）

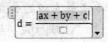

图3-80 公式编辑框（3）

6. 选定新输入的第 1 个 "x"，单击【设计】选项卡【结构】组中的【上下标】按钮，在弹出的【上下标】列表中，单击第 2 个图标，此时的公式编辑框如图 3-81 所示。在下标插槽中输入 "0"。

7. 用同样的方法输入 "y" 的下标。

8. 单击分母公式插槽，单击【设计】选项卡【结构】组中的【根式】按钮，在弹出的【根式】列表中，单击 $\sqrt{\square}$ 图标，此时的公式编辑框如图 3-82 所示。

9. 在新的公式插槽中输入 "a+b"，此时的公式编辑框如图 3-83 所示。

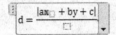

图3-81 公式编辑框（4）

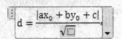

图3-82 公式编辑框（5）

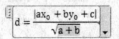

图3-83 公式编辑框（6）

10. 用类似输入下标的方法，输入 a 和 b 的上标。

11. 在公式编辑框外单击鼠标或按 Enter 键。

12. 单击 按钮，以 "距离公式.docx" 为文件名保存文档到 "我的文档" 文件夹中，然后关闭文档。

3.7 实验七 Word 2007 图文混排

【实验目的】

- 掌握表格与文字混排的方法。
- 掌握图形与文字混排的方法。
- 掌握图片与文字混排的方法。
- 掌握艺术字与文字混排的方法。

3.7.1 表格与文字混排

操作要求：建立以下文档，并以 "试卷.docx" 为文件名保存到 "我的文档" 文件夹中。

考试试卷

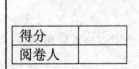

一、选择题

将答案填在括号内，每题 1 分，共 20 分。

（　）1. 以下动物，哪个不在 12 属相中。

A. 猪　　　B. 狗　　　C. 猫　　　D. 鼠

（　）2. 以下动物，哪个嗅觉最灵敏。

A. 猪　　　B. 狗　　　C. 猫　　　D. 鼠

操作步骤如下。

1. 在 Word 2007 中新建 1 个文档。

2. 输入"考试试卷",按 Enter 键。

3. 在第 2 段中插入 1 个 2 行 2 列的表格,并填写表格内容。

4. 设置表格宽度和高度与要求一致。输入其余的文本。

5. 选定表格,单击【布局】选项卡【表】组中的 属性 按钮,弹出【表格属性】对话框,默认选项卡为【表格】选项卡,如图 3-84 所示。

6. 在【表格】选项卡中的【对齐方式】组中,选择【左对齐】,在【环绕方式】组中选择【环绕】,单击 确定 按钮。

7. 将鼠标光标移动到第 1 行,设置标题居中。

8. 单击 按钮,以"试卷.docx"为文件名保存文档到"我的文档"文件夹中,然后关闭文档。

图3-84　【表格】选项卡

3.7.2　图形与文字混排

操作要求:将前面实验建立的"进化.docx"设置成以下样式,并以"进化 5.docx"为文件名保存。

进化

20 世纪 60 年代的试题:"一位伐木者砍下一卡车木材,卖了 100 美元。他的生产成本是这个数目的五分之四。请问,他的利润是多少?"

20 世纪 70 年代的试题:"一位伐木者用定量的木材数(L)交换了定量的钱数(M)。M 的值是 100,生产成本值 C 为 80。请问,他的利润值 P 是多少?"

20 世纪 80 年代的试题:"一位伐木者砍下一卡车木材,卖了 100 美元。他的成本是 80 美元,他的利润是( )美元。供选择的答案是:A.10　B.20　C.30　D.40。"

20 世纪 90 年代的试题:"一位无知的伐木者砍下了 100 株美丽挺拔的树木,以获得 20 美元的利润。写一篇议论文解释您如何看待此种生财之道。文章题目是:'林中的鸟儿和松鼠有什么感觉?'"

21 世纪的试题:"一位利欲熏心的伐木者偷砍了 100 株枝盛叶茂的树木,以获得 20 美元的利润,造成了 20 万美元的生态损失。写一篇议论文解释您如何看待此种生财之道。文章题目是:'人类行为与生态环境'"。

操作步骤如下。

1. 在 Word 2007 中打开"进化.docx"。

2. 用前面实验的方法,在文档绘制一个与要求大小相同的笑脸。

3. 单击【格式】选项卡【排列组】中的 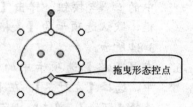 按钮，在弹出【文字环绕】列表（见图 3-85）中，选择【四周型环绕】选项，再拖曳笑脸到合适位置。

4. 单击选定刚才的笑脸，按 Ctrl+C 组合键，再按 Ctrl+V 组合键，复制一个笑脸。把笑脸拖曳到合适位置。

5. 单击选定笑脸，拖曳其形态控点（见图 3-86），使其变成哭脸。

图3-85　【文字环绕】列表

图3-86　形态控点

拖曳形态控点

6. 单击 按钮，在打开的菜单中选择【另存为】/【Word 文档】命令，以"进化 5.docx"为文件名保存。

3.7.3　图片与文字混排（一）

操作要求：把前面实验建立的"进化.docx"设置成以下样式，并以"进化 6.docx"为文件名保存。

进化

　　20 世纪 60 年代的试题："一位伐木者砍下一卡车木材，卖了 100 美元。他的生产成本是这个数目的五分之四。请问，他的利润是多少？"

　　20 世纪 70 年代的试题："一位伐木者用定量的木材数（L）交换了定量的钱数（M）。M 的值是 100，生产成本值 C 为 80。请问，他的利润值 P 是多少？"

　　20 世纪 80 年代的试题："一位伐木者砍下一卡车木材，卖了 100 美元。他的成本是 80 美元，他的利润是（　）美元。供选择的答案是：A.10　B.20　C.30　D.40。"

　　20 世纪 90 年代的试题："一位无知的伐木者砍下了 100 株美丽挺拔的树木，以获得 20 美元的利润。写一篇议论文解释您如何看待此种生财之道。文章题目是：'林中的鸟儿和松鼠有什么感觉？'"

　　21 世纪的试题："一位利欲熏心的伐木者偷砍了 100 株枝盛叶茂的树木，以获得 20 美元的利润，造成了 20 万美元的生态损失。写一篇议论文解释您如何看待此种生财之道。文章题目是：'人类行为与生态环境'"。

操作步骤如下。

1. 在 Word 2007 中打开"进化.docx"。

2. 将鼠标光标移动到正文第 1 段的开始处，用前面实验的方法，在文档插入"老虎"剪贴画（以"老虎"为关键字进行搜索）。

3. 选定插入的剪贴画，单击【格式】选项卡【大小】组右下角的 □ 按钮，弹出如图 3-87 所示的【大小】对话框。

4. 在【大小】对话框中，在【高度】和【宽度】数值框中，各输入 "50%"，单击 关闭 按钮。

5. 单击【格式】选项卡【排列组】中的 文字环绕 按钮，在弹出的【文字环绕】列表，选择【四周型环绕】选项，再拖曳 "老虎" 剪贴画到合适位置。

6. 按照步骤 2 的方法，在文档中插入 "兔子" 剪贴画。

7. 按照步骤 3～步骤 4 的方法，设置 "兔子" 剪贴画的高和宽为原来的 "50％"。

图3-87　【大小】对话框

8. 按照步骤 5 的方法，设置 "兔子" 剪贴画的环绕方式为 "四周型"，并拖曳到合适的位置。

9. 单击 □ 按钮，在打开的菜单中选择【另存为】/【Word 文档】命令，以 "进化6.docx" 为文件名保存。

3.7.4　图片与文本混排（二）

操作要求：将前面实验 "狼来了.docx" 设置成以下格式（加一个底图），并另存为 "狼来了2.docx"。

狼来了

从前，有一个小孩在山上放羊。

有一天，这个小孩忽然大喊：*"狼来了，狼来了!"* 在地里干活的农民听到了，急忙拿着镰刀、扁担……跑上了山。大家一看，羊还在吃草，哪儿来的狼呀？小孩哈哈大笑，说：*"我是闹着玩呢。"* 农民批评了小孩，叫他以后不要说谎。

过了几天，又听见小孩在喊：*"狼来了，狼来了!"* 农民们听到喊声，又都跑到山上，大家又受骗了，还是小孩在闹着玩。

又过了几天，狼真的来了，张着大嘴，见了羊就咬……小孩大喊：*"狼来了，救命呀!"* 大家都以为小孩又在说谎，谁也没上山，结果羊全被狼咬死了。小孩跑得快，捡了一条命。

从此以后，**他再也不说谎了。**

操作步骤如下。

1. 在 Word 2007 中打开"狼来了.docx"文档。将鼠标光标移动到文档开始。

2. 在文档中插入所需要的剪贴画（在【建筑物】类中搜索）。

3. 单击选定插入的剪贴画，单击【格式】选项卡【大小】组右下角的 ▣ 按钮，弹出【大小】对话框。

4. 在【大小】对话框中，取消勾选【锁定纵横比】复选项，在【高度】数值框中输入或调整数值为"150%"，在【宽度】数值框中输入或调整数值为"200%"，单击 ▭ 确定 ▭ 按钮。

5. 单击【格式】选项卡【排列组】中的 ▦文字环绕▾ 按钮，在弹出的【文字环绕】列表中，选择【衬于文字下方】选项，再拖曳剪贴画到合适位置。

6. 单击 ▣ 按钮，在打开的菜单中选择【另存为】/【Word 文档】命令，以"狼来了2.docx"为文件名保存。

第4章 中文 Excel 2007

4.1 实验一 Excel 2007 工作表的创建

【实验目的】
- 掌握工作表中数据的输入方法。
- 掌握工作表中数据的填充方法。
- 掌握工作表的编辑方法。

4.1.1 创建特定模板的工作簿

操作要求：以"个人月预算"为模板建立工作簿"个人月预算.xlsx"，保存到"我的文档"文件夹中。

操作步骤如下。

1. 选择【开始】/【所有程序】/【Microsoft Office】/【Microsoft Office Excel 2007】命令，启动 Excel 2007，进入 Excel 2007 主窗口。
2. 单击 按钮，在打开的菜单中选择【新建】命令，弹出如图 4-1 所示【新建工作簿】对话框。在【新建工作簿】对话框中，选择【模板】组中的【已安装的模板】命令。

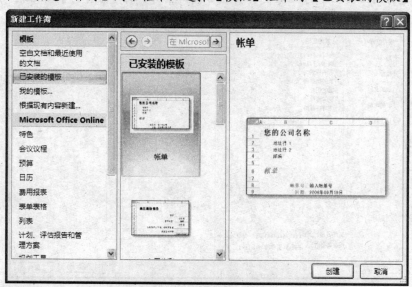

图4-1 【新建工作簿】对话框

3. 在【新建工作簿】对话框的【已安装的模板】组中，选择【个人月预算】选项。

4. 单击 创建 按钮，Excel 2007 主窗口中出现以"个人月预算"为模板的工作簿（局部），如图 4-2 所示。

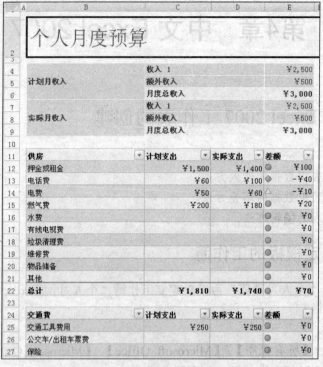

图4-2 "个人月度预算"工作簿的局部

5. 在新建立的 Excel 工作簿中，根据具体情况，在单元格内填写相应的内容。

6. 单击快速访问工具栏中的 按钮，弹出如图 4-3 所示的【另存为】对话框。

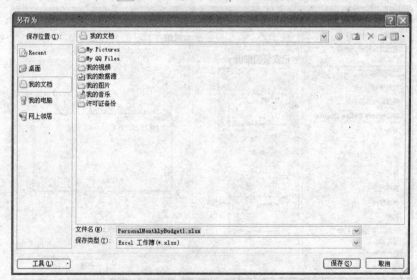

图4-3 【另存为】对话框

7. 在【另存为】对话框的【保存位置】下拉列表中选择【我的文档】，在【文件名】下拉列表中，输入"个人月预算.xlsx"，单击 保存(S) 按钮。

4.1.2 建立工作表（一）

操作要求：建立如图 4-4 所示的工作表，并以"奖金发放表.xlsx"为文件名保存到"我的文档"文件夹中。

操作步骤如下。

1. 在 Excel 2007 中新建工作簿。
2. 在工作表中，"电话"栏中的内容先输入一个英文单引号（'）再输入电话号码，其他内容按原样输入即可。
3. 单击 按钮，在弹出的对话框中以"奖金发放表.xlsx"为文件名保存工作簿到"我的文档"文件夹中，然后关闭工作簿。

	A	B	C	D
1	奖金发放表			
2	姓名	电话	出勤奖	业绩奖
3	赵甲独	3141592	200	720
4	钱乙善	6535897	130	680
5	孙丙其	9323846	210	800
6	李丁身	2643383	170	620
7	周戊兼	2795028	250	640
8	吴己达	8419716	140	740
9	郑庚天	9399375	160	700
10	王辛下	1058209	190	760
11				

图4-4　建立的工作表（1）

4.1.3 建立工作表（二）

操作要求：建立如图 4-5 所示的工作表，并以"成绩表.xlsx"为文件名保存到"我的文档"文件夹中。

操作步骤如下。

1. 在 Excel 2007 中新建工作簿。
2. 在工作表中的单元格中输入相应的数据。
3. 单击 按钮，在弹出的对话框中以"成绩.xlsx"为文件名保存工作簿到"我的文档"文件夹中，然后关闭工作簿。

	A	B	C	D
1	姓名	数学	语文	英语
2	赵子琴	96	93	87
3	钱丑棋	54	62	38
4	孙寅书	93	95	98
5	李卯画	68	98	76
6	周辰笔	88	75	39
7	吴巳墨	79	89	99
8	郑午纸	98	88	78
9	王未砚	94	85	76
10	冯申梅	100	100	100
11	陈酉兰	83	84	85
12	褚戌竹	97	97	68
13	卫亥菊	60	77	90

图4-5　建立的工作表（2）

4.1.4 建立工作表（三）

操作要求：建立如图 4-6 所示的工作表，并以"课程表.xlsx"为文件名保存到"我的文档"文件夹中。

	A	B	C	D	E	F
1		星期一	星期二	星期三	星期四	星期五
2	第1节	数学	语文	英语	物理	化学
3	第2节	语文	英语	物理	化学	数学
4	第3节	英语	物理	化学	数学	语文
5	第4节	自习	自习	自习	自习	自习
6	第5节	体育	语文	英语	物理	化学
7	第6节	数学	英语	物理	化学	数学
8						

图4-6　建立的工作表（3）

操作步骤如下。

1. 在 Excel 2007 中新建工作簿。
2. 在 B1 单元格中输入"星期一"，选定 B1 单元格，拖曳填充柄到 F1 单元格。
3. 在 A2 单元格中输入"第 1 节"，选定 A2 单元格，拖曳填充柄到 A7 单元格。

4. 按住 Ctrl 键，分别单击要填写"数学"的单元格，输入"数学"，按 Ctrl+Enter 组合键。

5. 按照步骤 4 的方法分别填写其他课程。

6. 单击 🖫 按钮，在弹出的对话框中以"课程表.xlsx"为文件名保存工作簿到"我的文档"文件夹中，然后关闭工作簿。

4.1.5　建立工作表（四）

操作要求：建立如图 4-7 所示的工作表，并以"销售业绩表.xlsx"为文件名保存到"我的文档"文件夹中。

操作步骤如下。

1. 在 Excel 2007 中新建工作簿。

2. 在 B1 单元格中输入"第 1 季"，选定 B1 单元格，拖曳填充柄到 E1 单元格。

3. 在 A2 单元格中输入"第 1 营业部"，选定 A2 单元格，拖曳填充柄到 A8 单元格。

	A	B	C	D	E
1	销售业绩表				
2		第1季	第2季	第3季	第4季
3	第1营业部	23	25	34	27
4	第2营业部	33	35	44	37
5	第3营业部	30	39	32	28
6	第4营业部	32	25	21	23
7	第5营业部	34	27	23	25
8	第6营业部	27	34	25	23

图4-7　建立的工作表（4）

4. 在其他单元格内输入相应的内容。

5. 单击 🖫 按钮，在弹出的对话框中以"课程表.xlsx"为文件名保存工作簿到"我的文档"文件夹中，然后关闭工作簿。

4.1.6　编辑工作表（一）

操作要求：编辑前面实验的"奖金发放表.xlsx"工作表，编辑后的效果如图 4-8 所示。

操作步骤如下。

1. 在 Excel 2007 中打开"奖金发放表.xlsx"工作簿。

2. 将鼠标光标移动到第 2 行，单击【开始】选项卡【单元格】组中 ⬚插入 按钮右边的 ▾ 按钮，在打开的菜单中选择【插入工作表行】命令。

3. 再次单击【开始】选项卡【单元格】组中 ⬚插入 按钮右边的 ▾ 按钮，在打开的菜单中选择【插入工作表行】命令。此时工作表如图 4-9 所示。

	A	B	C	D
1	奖金发放表			
2	基本奖	250		
3				
4	姓名	电话	出勤奖	业绩奖
5	赵甲独	3141592	200	720
6	钱乙善	6535897	130	680
7	孙丙其	9323846	210	800
8	李丁身	2643383	170	620
9	周戊兼	2795028	250	640
10	吴己达	8419716	140	740
11	郑庚天	9399375	160	700
12	王辛下	1058209	190	760

图4-8　编辑后的奖金发放表

	A	B	C	D
1	奖金发放表			
2				
3				
4	姓名	电话	出勤奖	业绩奖
5	赵甲独	3141592	200	720
6	钱乙善	6535897	130	680
7	孙丙其	9323846	210	800
8	李丁身	2643383	170	620
9	周戊兼	2795028	250	640
10	吴己达	8419716	140	740
11	郑庚天	9399375	160	700
12	王辛下	1058209	190	760

图4-9　插入空行后的工作表

4. 在 A2 单元格中输入"基本奖"，按 TAB 键，然后再输入"250"，按 Enter 键。

5. 单击 🖫 按钮，保存工作簿，然后关闭工作簿。

4.1.7　编辑工作表（二）

操作要求：编辑以前实验的"课程表.xlsx"工作表，编辑后的效果如图 4-10 所示。

	A	B	C	D	E	F
1	课程表					
2		星期一	星期二	星期三	星期四	星期五
3	第1节	数学	语文	英语	物理	化学
4	第2节	语文	英语	物理	化学	数学
5	第3节	英语	物理	化学	数学	语文
6	第4节	自习	自习	自习	自习	自习
7	第5节	体育	语文	英语	物理	化学
8	第6节	数学	英语	物理	化学	数学

图4-10　编辑后的课程表

本实验操作步骤与上一实验类似，此处不再给出详细步骤。

4.1.8　编辑工作表（三）

操作要求：编辑前面实验的"成绩表.xlsx"工作表，除了增加标题和"学号"列外，把所有学生的数学和语文成绩交换，编辑后的效果如图 4-11 所示。

操作步骤如下。

1.　在 Excel 2007 中打开"成绩表.xlsx"工作簿。

2.　将鼠标光标移动到 A1 单元格，单击【开始】选项卡【单元格】组中 插入 按钮右边的 按钮，在打开的菜单中选择【插入工作表行】命令。再单击【开始】选项卡【单元格】组中 插入 按钮右边的 按钮，在打开的菜单中选择【插入工作表列】命令。此时工作表如图 4-12 所示。

	A	B	C	D	E
1	学生成绩表				
2	学号	姓名	数学	语文	英语
3	2008001	赵子琴	93	96	87
4	2008002	钱丑棋	62	54	38
5	2008003	孙寅书	95	93	98
6	2008004	李卯画	98	68	76
7	2008005	周辰笔	75	88	39
8	2008006	吴巳墨	89	79	99
9	2008007	郑午纸	88	98	78
10	2008008	王未砚	85	94	76
11	2008009	冯申梅	100	100	100
12	2008010	陈西兰	84	83	85
13	2008011	褚戌竹	97	97	68
14	2008012	卫亥菊	77	60	90
15					

图4-11　编辑后的学生成绩表

	A	B	C	D	E
1					
2		姓名	数学	语文	英语
3		赵子琴	96	93	87
4		钱丑棋	54	62	38
5		孙寅书	93	95	98
6		李卯画	68	98	76
7		周辰笔	88	75	39
8		吴巳墨	79	89	99
9		郑午纸	98	88	78
10		王未砚	94	85	76
11		冯申梅	100	100	100
12		陈西兰	83	84	85
13		褚戌竹	97	97	68
14		卫亥菊	60	77	90
15					

图4-12　插入行和列的工作表

3.　在 A1 单元格中输入"成绩表"，在 A2 单元格中输入"学号"。

4.　在 A3 单元格中输入"2008001"，在 A4 单元格中输入"2008002"。

5.　选定 A3:A4 单元格区域，拖曳填充柄到 A14 单元格。

6.　选定 C3:C14 单元格区域，拖曳到 F3:F14 单元格区域。

7.　选定 D3:D14 单元格区域，拖曳到 C3:C14 单元格区域。

8.　选定 F3:F14 单元格区域，拖曳到 D3:D14 单元格区域。

9.　单击 按钮，保存工作簿，然后关闭工作簿。

4.2 实验二 Excel 2007 公式与函数的使用

【实验目的】

- 掌握公式的基本概念。
- 掌握常用函数的使用。
- 掌握输入公式的方法。
- 掌握填充公式的方法。

4.2.1 使用公式（一）

操作要求：建立如图 4-13 所示的工作表，并以"总评成绩.xlsx"为文件名保存，要求"总评"用公式计算，计算公式是"总评=作业×10%＋期中×10%＋期末×80%"。

	A	B	C	D	E	F
1	学生成绩表					
2	学号	姓名	作业	期中	期末	总评
3	2008001	赵子琴	90	88	88	88.2
4	2008002	钱丑棋	90	92	92	91.8
5	2008003	孙寅书	95	96	97	96.7
6	2008004	李卯画	88	93	86	86.9
7	2008005	周辰笔	80	90	78	79.4
8	2008006	吴巳墨	90	92	92	91.8
9	2008007	郑午纸	90	75	88	86.9
10	2008008	王未砚	95	95	91	91.8
11	2008009	冯申梅	100	100	98	98.4
12	2008010	陈酉兰	86	88	83	83.8
13	2008011	褚戌竹	95	87	92	91.8
14	2008012	卫亥菊	80	86	84	83.8
15						

图4-13　学生成绩表

操作步骤如下。

1. 在 Excel 2007 中新建工作簿。

2. 用前面实验的方法，建立除"总评"列外的工作表。

3. 在 F3 单元格中输入公式"=C3*10%+D3*10%+E3*80%"。

4. 选定 F3 单元格，拖曳填充柄到 F14 单元格。

5. 单击 按钮，在弹出的对话框中以"总评成绩.xlsx"为文件名保存工作簿到"我的文档"文件夹中，然后关闭工作簿。

要点提示 在公式输入过程中，一定要注意，公式必须以"="开始，如果在 F3 单元格中只输入"C3*10%+D3*10%+E3*80%"，其结果会如图 4-14 所示，不能计算出总评成绩。

	A	B	C	D	E	F	G
1	学生成绩表						
2	学号	姓名	作业	期中	期末	总评	
3	2008001	赵子琴	90	88	88	C3*10%+D3*10%+E3*80%	
4	2008002	钱丑棋	90	92	92	91.8	

图4-14　公式没有以"="开始导致公式错误

4.2.2　使用公式（二）

操作要求：建立如图 4-15 所示的工作表，并以"产品利润表.xlsx"为文件名保存，要求"毛利率"用公式计算。计算公式为：毛利率=（销售收入＋国家补贴－原材料－其他费用）/（原材料＋其他费用）。

	A	B	C	D	E	F
1	产品利润表					
2						
3	产品名称	原材料	其他费用	销售收入	国家补贴	毛利率
4	产品1	1230	440	2200	100	38%
5	产品2	1020	820	2500	50	39%
6	产品3	1500	620	3000	200	51%
7	产品4	1000	800	2400	100	39%
8	产品5	1120	430	2000	150	39%
9	产品6	1400	700	2800	180	42%

图4-15　产品利润表

操作步骤如下。

1. 在 Excel 2007 中新建工作簿。
2. 用前面实验的方法，建立除"毛利率"列外的工作表。
3. 在 F4 单元格中输入 "=(D4+E4-B4-C4)/(B4+C4)"，并按 Enter 键。
4. 单击 F4 单元格，再单击【开始】选项卡【数字】组中的 % 按钮。
5. 拖曳填充柄到 F9 单元格。
6. 单击 按钮，在弹出的对话框中以"产品利润表.xlsx"为文件名保存工作簿到"我的文档"文件夹中，然后关闭工作簿。

4.2.3　使用公式（三）

操作要求：建立如图 4-16 所示的工作表，并以"商品销售表.xlsx"为文件名保存，要求"销售额"和"毛利"用公式计算。销售额的计算公式是"销售额=(销售数量－退货数量)×销售价格"，毛利的计算公式是"毛利=销售额×毛利率"。

	A	B	C	D	E	F	G
1	商品销售表						
2							
3	商品名称	销售价格	毛利率	销售数量	退货数量	销售额	毛利
4	商品1	1600	25%	40	2	60800	15200
5	商品2	13000	18%	12	1	143000	25740
6	商品3	4600	20%	20	2	82800	16560
7	商品4	180	28%	230	15	38700	10836
8	商品5	2300	22%	40	1	89700	19734
9	商品6	6920	19%	15	0	103800	19722
10	商品7	3020	21%	31	1	90600	19026
11	商品8	1920	18%	10	0	19200	3456

图4-16　商品销售表

本实验的操作方法与前面实验类似。其中，F4 单元格中的公式是 "=B4*(D4－E4)"，G4 单元格中的公式是 "=F4*C4"。

在输入公式时，应先输入销售额的公式，然后再输入毛利的公式。

4.2.4 使用公式（四）

操作要求：为前面实验的"奖金发放表.xlsx"工作簿添加"总奖金"列，其中"总奖金"为"基本奖"、"出勤奖"和"业绩奖"的和。计算结果如图4-17所示。

	A	B	C	D	E
1	奖金发放表				
2	基本奖	250			
3					
4	姓名	电话	出勤奖	业绩奖	总奖金
5	赵甲独	3141592	200	720	1170
6	钱乙善	6535897	130	680	1060
7	孙丙其	9323846	210	800	1260
8	李丁身	2643383	170	620	1040
9	周戊兼	2795028	250	640	1140
10	吴己达	8419716	140	740	1130
11	郑庚天	9399375	160	700	1110
12	王辛下	1058209	190	760	1200
13					

图4-17 用公式计算总奖金

操作步骤如下。

1. 在 Excel 2007 中打开"奖金发放表.xlsx"。
2. 在 E4 单元格中输入"总奖金"。
3. 在 E5 单元格中输入"=$B$2+C5+D5"，如图 4-18 所示，然后再按 Enter 键。

SUM	▼	× ✓ *fx*	=$B$2+C5+D5		
	A	B	C	D	E	F
1	奖金发放表					
2	基本奖	250				
3						
4	姓名	电话	出勤奖	业绩奖	总奖金	
5	赵甲独	3141592	200	720	=$B$2+C5+D5	
6	钱乙善	6535897	130	680		

图4-18 E5 单元格中的公式

4. 选定 E5 单元格，拖曳填充柄到 E12 单元格。
5. 单击 按钮，保存工作簿，然后关闭工作簿。

> **要点提示** 本实验中，如果公式中没有使用 B2 单元格的绝对地址"$B$2"，而使用了"B2"，可以保证 E5 单元格中的数据计算正确。但是，当填充公式时，会出现计算结果错误或公式错误的情况，如图 4-19 所示。

	A	B	C	D	E
1	奖金发放表				
2	基本奖	250			
3					
4	姓名	电话	出勤奖	业绩奖	总奖金
5	赵甲独	3141592	200	720	1170
6	钱乙善	6535897	130	680	810
7	孙丙其	9323846	210	800	#VALUE!
8	李丁身	2643383	170	620	3142382
9	周戊兼	2795028	250	640	6536787
10	吴己达	8419716	140	740	9324726
11	郑庚天	9399375	160	700	2644243
12	王辛下	1058209	190	760	2795978

图4-19 B2 单元格没用绝对地址导致公式错误

4.2.5 使用函数（一）

操作要求：为前面实验的"成绩表.xlsx"工作簿添加"总成绩"和"平均成绩"列，再添加"最高分"和"最低分"行。并且计算出"总成绩"和"平均成绩"，统计出"最高分"和"最低分"。结果如图 4-20 所示。

	A	B	C	D	E	F	G
1	学生成绩表						
2	学号	姓名	数学	语文	英语	总成绩	平均成绩
3	2008001	赵子琴	93	96	87	276	92
4	2008002	钱丑棋	62	54	38	154	51.33333
5	2008003	孙寅书	95	93	98	286	95.33333
6	2008004	李卯画	98	68	76	242	80.66667
7	2008005	周辰笔	75	88	39	202	67.33333
8	2008006	吴巳墨	89	79	99	267	89
9	2008007	郑午纸	88	98	78	264	88
10	2008008	王未砚	85	94	76	255	85
11	2008009	冯申梅	100	100	100	300	100
12	2008010	陈酉兰	84	83	85	252	84
13	2008011	褚戌竹	97	97	68	262	87.33333
14	2008012	卫亥菊	77	60	90	227	75.66667
15							
16		最高分	100	100	100		
17		最低分	62	54	38		

图4-20 成绩统计

操作步骤如下。

1. 在 Excel 2007 中打开"成绩表.xlsx"工作簿。
2. 在相应单元格输入"总成绩"、"平均成绩"、"最高分"和"最低分"。
3. 在 F3 单元格中输入"=SUM(C3:E3)"，并按 Enter 键。
4. 在 G3 单元格中输入"=AVERAGE(C3:E3)"，并按 Enter 键。
5. 选定 F3: G3 单元格区域，拖曳填充柄到 G14 单元格。
6. 在 C16 单元格中输入"=MAX(C3:C14)"，并按 Enter 键。
7. 在 C17 单元格中输入"=MIN(C3:C14)"，并按 Enter 键。
8. 选定 C16: C17 单元格区域，拖曳填充柄到 E17 单元格。
9. 单击 按钮，保存工作簿，然后关闭工作簿。

要点提示 在输入含有函数的公式时，一定要把函数名输入正确，如果在 F3 单元格中输入公式"=SUW(C3:E3)"，会出现错误结果如图 4-21 所示。

F3		fx	=SUW(C3:E3)			
	A	B	C	D	E	F
1	学生成绩表					
2	学号	姓名	数学	语文	英语	总成绩
3	2008001	赵子琴	93	96	87	#NAME?
4	2008002	钱丑棋	62	54	38	
5	2008003	孙寅书	95	93	98	

图4-21 函数名输入错误导致公式错误

本实验中，可以使用 Excel 2007 提供的函数求总分和平均分，也可以不用函数计算，例如 F3 单元格中的公式可以是"=C3+D3+E3"，G3 单元格中的公式可以是"=F3/3"或者"=(C3+D3+E3)/3"。

4.2.6 使用函数（二）

操作要求：对前面实验的"成绩表.xlsx"工作簿，增加"备注"列，用公式标示出优秀的学生，优秀的标准是学生的平均成绩大于等于85分，标示结果如图4-22所示。

	A	B	C	D	E	F	G	H
1	学生成绩表							
2	学号	姓名	数学	语文	英语	总成绩	平均成绩	备注
3	2008001	赵子琴	93	96	87	276	92	优秀
4	2008002	钱丑棋	62	54	38	154	51.33333	
5	2008003	孙寅书	95	93	98	286	95.33333	优秀
6	2008004	李卯画	98	68	76	242	80.66667	
7	2008005	周辰笔	75	88	39	202	67.33333	
8	2008006	吴巳墨	89	79	99	267	89	优秀
9	2008007	郑午纸	88	98	78	264	88	优秀
10	2008008	王未砚	85	94	76	255	85	优秀
11	2008009	冯申梅	100	100	100	300	100	优秀
12	2008010	陈酉兰	84	83	85	252	84	
13	2008011	褚戌竹	97	97	68	262	87.33333	优秀
14	2008012	卫亥菊	77	60	90	227	75.66667	

图4-22 增加"备注"列并标示出优秀学生的工作表

操作步骤如下。

1. 在Excel 2007打开"成绩表.xlsx"工作簿。
2. 在H2单元格中输入"备注"。
3. 在H3单元格中输入"=(IF(G3>=85,"优秀",""))"，并按 Enter 键。
4. 选定H3单元格，拖曳填充柄到H14单元格。
5. 单击 📄 按钮，保存工作簿。

4.2.7 使用函数（三）

操作要求：对前面实验的"成绩表.xlsx"，增加"优秀人数"、"良好人数"、"及格人数"和"不及格人数"4行，用公式统计相应的人数。统计的标准是平均分大于等于85分为优秀；平均分大于等于70分为良好；平均分大于等于60分为及格；平均分小于60分为不及格。统计结果如图4-23所示。

	B	C
15		
16	最高分	100
17	最低分	100
18	优秀人数	7
19	良好人数	3
20	及格人数	1
21	不及格人数	1

图4-23 增加"优秀人数"等4行并统计出相应人数的工作表

操作步骤如下。

1. 在Excel 2007打开"成绩表.xlsx"工作簿。
2. 分别在B18、B19、B20和B21单元格中输入"优秀人数"、"良好人数"、"及格人数"和"不及格人数"。
3. 在C18单元格中输入"=COUNTIF(G3:G14,">=85")"，并按 Enter 键。
4. 在C19单元格中输入"=COUNTIF(G3:G14,">=70")-C18"，并按 Enter 键。
5. 在C20单元格中输入"=COUNTIF(G3:G14,">=60")-C18-C19"，并按 Enter 键。
6. 在C21单元格中输入"=COUNTIF(G3:G14,"<60")"，并按 Enter 键。
7. 单击 📄 按钮，保存工作簿。

4.2.8 使用函数（四）

操作要求：对前面实验的"奖金发放表.xlsx"工作簿，统计总奖金大于等于平均奖金的人数，和总奖金小于平均奖金的人数。统计结果如图 4-24 所示。

	A	B	C	D	E
1	奖金发放表				
2	基本奖	250			
3					
4	姓名	电话	出勤奖	业绩奖	总奖金
5	赵甲独	3141592	200	720	1170
6	钱乙善	6535897	130	680	1060
7	孙丙其	9323846	210	800	1260
8	李丁身	2643383	170	620	1040
9	周戊兼	2795028	250	640	1140
10	吴己达	8419716	140	740	1130
11	郑庚天	9399375	160	700	1110
12	王辛下	1058209	190	760	1200
13					
14		平均奖金	1138.75		
15		超过平均	4		
16		不到平均	4		

图4-24 统计人数

操作步骤如下。

1. 在 Excel 2007 打开"奖金发放表.xlsx"工作簿。
2. 分别在 B14、B15 和 B16 单元格中输入"平均奖金"、"超过平均"和"不到平均"。
3. 在 C14 单元格中输入"=AVERAGE (E5:E12)"，并按 Enter 键。
4. 在 C15 单元格中输入"=COUNTIF(E5:E12,">="&C14)"，并按 Enter 键。
5. 在 C16 单元格中输入"=COUNTIF(E5:E12,"<"&C14)"，并按 Enter 键。
6. 单击 按钮，保存工作簿。

C15 单元格中的公式中，统计条件是"">="&C14"，由于 C14 单元格公式的计算结果是 1138.75，所以这个统计条件相当于"">=1138.75""，即字符串">="与字符串"1138.75"连接。如果把统计条件写成"">=C14""，这时的 C14 就不能代表 1138.75，而无法正确统计。

4.3 实验三 Excel 2007 工作表的设置

【实验目的】
- 掌握工作表数据格式化的方法。
- 掌握工作表表格格式化的方法。
- 掌握工作表条件格式化的方法。

4.3.1 设置工作表数据的格式（一）

操作要求：设置前面实验的"奖金发放表.xlsx"工作簿，设置后的效果如图 4-26 所示。

	A	B	C	D	E
1			奖金发放表		
2	基本奖	250			
3					
4	姓名	电话	出勤奖	业绩奖	总奖金
5	赵甲独	3141592	￥ 200.00	￥ 720.00	￥ 1,170.00
6	钱乙善	6535897	￥ 130.00	￥ 680.00	￥ 1,060.00
7	孙丙其	9323846	￥ 210.00	￥ 800.00	￥ 1,260.00
8	李丁身	2643383	￥ 170.00	￥ 620.00	￥ 1,040.00
9	周戊兼	2795028	￥ 250.00	￥ 640.00	￥ 1,140.00
10	吴己达	8419716	￥ 140.00	￥ 740.00	￥ 1,130.00
11	郑庚天	9399375	￥ 160.00	￥ 700.00	￥ 1,110.00
12	王辛下	1058209	￥ 190.00	￥ 760.00	￥ 1,200.00
13					

图4-25　设置数据格式后的工作表

操作步骤如下。

1. 在 Excel 2007 中打开"奖金发放表.xlsx"工作簿。

2. 选定 A1 单元格，在【开始】选项卡【字体】组中的【字体】下拉列表中选择【隶书】，在【字号】下拉列表中选择【18】。A1 单元格如图 4-26 所示。

3. 选定 A1:E1 单元格区域，单击【开始】选项卡【对齐方式】组中的 ▦ 按钮，此时工作表第 1 行如图 4-27 所示。

图4-26　合并居中前的标题　　　　　　　　　　　　图4-27　合并居中后的标题

4. 按照步骤 2 的方法设置 A2 单元格、A4:D4 单元格区域的字体为"黑体"，A5:A12 单元格区域的字体为"楷体_GB2312"。

5. 选定 A4:D4 单元格区，单击【开始】选项卡【对齐方式】组中的 ▤ 按钮。

6. 选定 B5:B12 单元格区域，单击【开始】选项卡【对齐方式】组中的 ▤ 按钮。

7. 选定 B2 单元格，单击【开始】选项卡【数字】组中的 按钮。

8. 选定 C5:D12 单元格区域，单击【开始】选项卡【数字】组中的 按钮。

9. 单击 █ 按钮保存工作簿，然后关闭工作簿。

4.3.2　设置工作表数据的格式（二）

操作要求：设置前面实验"成绩表.xlsx"工作簿为如图 4-28 所示的格式。

	A	B	C	D	E	F	G	H
1				学生成绩表				
2	学号	姓名	数学	语文	英语	总成绩	平均成绩	备注
3	2008001	赵子琴	93	96	87	276	92.00	优秀
4	2008002	钱丑棋	62	54	38	154	51.33	
5	2008003	孙寅书	95	93	98	286	95.33	优秀
6	2008004	李卯画	98	68	76	242	80.67	
7	2008005	周辰笔	75	88	39	202	67.33	
8	2008006	吴巳墨	89	79	99	267	89.00	优秀
9	2008007	郑午纸	88	98	78	264	88.00	优秀
10	2008008	王未砚	85	94	76	255	85.00	优秀
11	2008009	冯申梅	100	100	100	300	100.00	优秀
12	2008010	陈酉兰	84	83	85	252	84.00	
13	2008011	褚戌竹	97	97	68	262	87.33	优秀
14	2008012	卫亥菊	77	60	90	227	75.67	
15								

图4-28　设置格式后的成绩表

操作步骤如下。

1. 在 Excel 2007 中打开"成绩表.xlsx"工作簿。

2. 单击 A1 单元格,在【开始】选项卡【字体】组中的【字体】下拉列表中选择【黑体】,在【字号】下拉列表中选择【18】。

3. 选定 A1:H1 单元格区域,单击【开始】选项卡【对齐方式】组中的██按钮。

4. 设置 A2:H2 单元格区域字号为"14"、加粗和居中;设置 B3:B14 单元格区域字体为"楷体_GB2312"、右对齐;设置 H3:H14 单元格区域的字体为"仿宋_GB2312"。

5. 选定 G3:G14 单元格区域,单击【开始】选项卡【数字】组右下角的██按钮,弹出【设置单元格格式】对话框,切换到【数字】选项卡,如图 4-29 所示。再在【分类】列表框中选择【数值】。

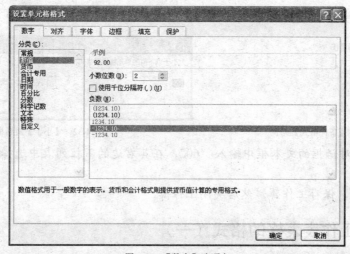

图4-29 【数字】选项卡

6. 在【小数位数】数值框中输入"2",单击 确定 按钮。

7. 单击██按钮,保存工作簿,然后关闭工作簿。

4.3.3 设置条件格式

操作要求:设置前面实验"成绩表.xlsx"工作簿为如图 4-30 所示的格式,要求把不及格的成绩用条件格式设置为"浅红填充色红色文本"。

	A	B	数学	语文	英语	总成绩	平均成绩	H
1				学生成绩表				
2	学号	姓名	数学	语文	英语	总成绩	平均成绩	备注
3	2008001	赵予琴	93	96	87	276	92.00	优秀
4	2008002	钱丑棋	62	54	38	154	51.33	
5	2008003	孙寅书	95	93	98	286	95.33	优秀
6	2008004	李卯画	98	68	76	242	80.67	
7	2008005	周辰笔	75	88	39	202	67.33	
8	2008006	吴巳墨	89	79	99	267	89.00	优秀
9	2008007	郑午纸	88	98	78	264	88.00	优秀
10	2008008	王未砚	85	94	76	255	85.00	优秀
11	2008009	冯申梅	100	100	100	300	100.00	优秀
12	2008010	陈酉兰	84	83	85	252	84.00	
13	2008011	褚戌竹	97	97	68	262	87.33	优秀
14	2008012	卫亥菊	77	60	90	227	75.67	

图4-30 设置格式后的成绩表

操作步骤如下。

1. 在 Excel 2007 中打开"成绩表.xlsx"工作簿。

2. 选定 C3:G14 单元格区域，单击【开始】选项卡【样式】组中的【条件格式】按钮，在打开的列表（见图 4-31）中选择【突出显示单元格规则】/【小于】选项，弹出如图 4-32 所示的【小于】对话框。

图4-31　【条件格式】列表　　　　　　　　　　　　图4-32　【小于】对话框

3. 在【小于】对话框的文本框中输入"60"，在其右边的下拉列表中选择【浅红填充色红色文本】。

4. 单击■按钮，保存工作簿，然后关闭工作簿。

4.3.4 设置工作表表格的格式（一）

操作要求：设置前面实验"成绩表.xlsx"工作簿为如图 4-33 所示的格式。

	A	B	C	D	E	F	G	H
1				学生成绩表				
2	学号	姓名	数学	语文	英语	总成绩	平均成绩	备注
3	2008001	赵子琴	93	96	87	276	92.00	优秀
4	2008002	钱丑棋	62	54	38	154	51.33	
5	2008003	孙寅书	95	93	98	286	95.33	优秀
6	2008004	李卯画	98	68	76	242	80.67	
7	2008005	周辰笔	75	88	39	202	67.33	
8	2008006	吴巳墨	89	79	99	267	89.00	优秀
9	2008007	郑午纸	88	98	78	264	88.00	优秀
10	2008008	王未砚	85	94	76	255	85.00	优秀
11	2008009	冯申梅	100	100	100	300	100.00	优秀
12	2008010	陈酉兰	84	83	85	252	84.00	
13	2008011	褚戌竹	97	97	68	262	87.33	优秀
14	2008012	卫亥菊	77	60	90	227	75.67	

图4-33　设置表格格式后的成绩表

操作步骤如下。

1. 在 Excel 2007 中打开"成绩表.xlsx"工作簿。

2. 选定 A2:H14 单元格区域，单击【开始】选项卡【字体】组中■按钮旁的▾按钮，在弹出的列表中单击田按钮。

3. 选定 A2:H14 单元格区域，单击【开始】选项卡【字体】组中▦按钮旁的▾按钮，在弹出的列表中单击▢按钮。

4. 选定 A2:H2 单元格区域，单击【开始】选项卡【字体】组中▦按钮旁的▾按钮，在弹出的列表中单击▤按钮。

5. 选定 A2:H2 单元格区域，单击【开始】选项卡【字体】组中▱按钮旁的▾按钮，在弹出的颜色列表中选择第 4 行第 1 列的颜色（灰色 – 25%）。

6. 选定 A2:H14 单元格区域，单击【开始】选项卡【单元格】组中的▨格式·按钮，在打开的列表（见图 4-34）中选择【自动调整列宽】选项。

7. 单击▤按钮，保存工作簿，然后关闭工作簿。

图4-34　【单元格格式】列表

4.3.5　设置工作表表格的格式（二）

操作要求：设置前面实验"课程表.xlsx"工作簿为如图 4-35 所示的格式。

	A	B	C	D	E	F
1		课程表				
2		星期一	星期二	星期三	星期四	星期五
3	第1节	数学	语文	英语	物理	化学
4	第2节	语文	英语	物理	化学	数学
5	第3节	英语	物理	化学	数学	语文
6	第4节	自习	自习	自习	自习	自习
7	第5节	体育	语文	英语	物理	化学
8	第6节	数学	英语	物理	化学	数学

图4-35　设置格式后的课程表

操作步骤如下。

1. 在 Excel 2007 中打开"课程表.xlsx"工作簿。

2. 选定 A2:F8 单元格区域，单击【开始】选项卡【字体】组中▦按钮旁的▾按钮，在弹出的列表中单击田按钮。单击【开始】选项卡【字体】组中▦按钮旁的▾按钮，在弹出的列表中单击▢按钮。

3. 选定 A2:F2 单元格区域，单击【开始】选项卡【字体】组中▦按钮旁的▾按钮，在弹出的列表中单击▤按钮。

4. 选定 B2:F2 单元格区域，单击【开始】选项卡【字体】组中▱按钮旁的▾按钮，在弹出的颜色列表中选择第 4 行第 1 列的颜色（灰色 – 25%）。

5. 选定 A2 单元格，单击【开始】选项卡【字体】组中▦按钮旁的▾按钮，在弹出的列表中选择【其他边框】选项，弹出【设置单元格格式】对话框，默认选项卡是【边框】选项卡，如图 4-36 所示。

6. 在【边框】选项卡中，单击【边框】组中的◣按钮，单击　确定　按钮。

7. 选定 B3:H8 单元格区域，按照步骤 5 的方法，切换到【填充】选项卡，如图 4-37 所示。

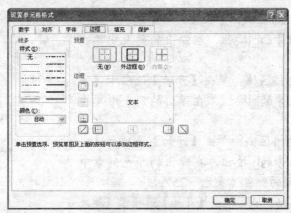

图4-36 【边框】选项卡

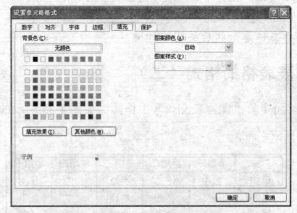

图4-37 【填充】选项卡

8. 在【填充】选项卡中，单击【图案样式】下拉列表中的 按钮，打开如图 4-38 所示的【图案样式】列表，在【图案样式】列表中单击 图标（第2行的第5个图标）。

9. 在【填充】选项卡中，单击【图案颜色】下拉列表中的 按钮，打开如图 4-39 所示的【图案颜色】列表，在【图案颜色】列表中选择第4行第1列的图标（灰色-25%）。

10. 在【填充】选项卡中，单击 确定 按钮。

11. 选定 A3:A8 单元格区域，单击【字体】组中的 按钮旁的 按钮，在弹出的颜色列表中选择选择第4行第1列的图标（灰色-25%）。

12. 选定 A2:F8 单元格区域，单击【开始】选项卡【单元格】组中的 格式 按钮，在打开的列表（见图4-34）中选择【行高】选项，弹出如图4-40所示的【行高】对话框。

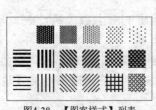

图4-38 【图案样式】列表

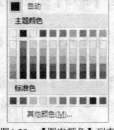

图4-39 【图案颜色】列表

图4-40 【行高】对话框

13. 在【行高】对话框中，在【行高】数值框中输入"20"，单击 确定 按钮。

14. 单击 按钮，保存工作簿，然后关闭工作簿。

4.4　实验四　Excel 2007 数据的管理操作

【实验目的】
- 掌握数据排序的方法。
- 掌握数据筛选的方法。
- 掌握分类汇总的方法。

4.4.1　数据排序（一）

操作要求：对前面实验"总评成绩.xlsx"工作簿按总评成绩由高到低排序，排序结果如图 4-41 所示。

	A	B	C	D	E	F
1	学生成绩表					
2	学号	姓名	作业	期中	期末	总评
3	2008009	冯申梅	100	100	98	98.4
4	2008003	孙寅书	95	96	97	96.7
5	2008002	钱丑棋	90	92	92	91.8
6	2008006	吴巳墨	90	92	92	91.8
7	2008011	褚戌竹	95	87	92	91.8
8	2008008	王未砚	95	95	91	91.8
9	2008001	赵子琴	90	88	88	88.2
10	2008004	李卯画	88	93	86	86.9
11	2008007	郑午纸	90	75	88	86.9
12	2008010	陈酉兰	86	88	83	83.8
13	2008012	卫亥菊	80	86	84	83.8
14	2008005	周辰笔	80	90	78	79.4

图4-41　按总评成绩排序的结果

操作步骤如下。

1. 在 Excel 2007 中打开"总评成绩.xlsx"工作簿。
2. 选定 F2:F14 单元格区域中的 1 个单元格，单击【数据】选项卡【排序和筛选】组中的 ![按钮] 按钮。
3. 不保存工作簿，然后关闭工作簿。

在排序过程中，如果选定了单元格区域，并且与单元格区域相邻的单元格中还有数据，Excel 2007 会弹出如图 4-42 所示的【排序提醒】对话框。

图4-42　【排序提醒】对话框

在【排序提醒】对话框中，可进行以下操作。
- 如果点选【扩展选定区域】单选项，可以把相邻行或列一同进行排序。
- 如果点选【以对齐选定区域排序】单选项，仅对选定的单元格区域排序。
- 单击 排序(S) 按钮，按所做设置进行排序。
- 单击 取消 按钮，取消排序操作。

4.4.2　数据排序（二）

操作要求：对前面实验"总评成绩.xlsx"工作簿以"总评"、"作业"为第 1 关键字和第 2 关键字由高到低排序，结果如图 4-43 所示。

	A	B	C	D	E	F
1	学生成绩表					
2	学号	姓名	作业	期中	期末	总评
3	2008009	冯申梅	100	100	98	98.4
4	2008003	孙寅书	95	96	97	96.7
5	2008011	褚戌竹	95	87	92	91.8
6	2008002	钱丑棋	90	92	92	91.8
7	2008006	吴巳墨	90	92	92	91.8
8	2008008	王未砚	95	95	91	91.8
9	2008001	赵子琴	90	88	88	88.2
10	2008007	郑午纸	90	75	86	86.9
11	2008004	李卯画	88	93	86	86.9
12	2008010	陈酉兰	86	88	83	83.8
13	2008012	卫亥菊	80	86	84	83.8
14	2008005	周辰笔	80	90	78	79.4
15						

图4-43　按"作业"和"总评"两个关键字排序的结果

操作步骤如下。

1. 在 Excel 2007 中打开"总评成绩.xlsx"工作簿。

2. 选定 A2:F14 单元格区域中的 1 个单元格，单击【数据】选项卡【排序和筛选】组中的【排序】按钮，弹出如图 4-44 所示的【排序】对话框。

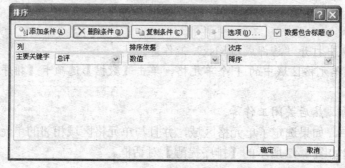

图4-44　【排序】对话框

3. 在【排序】对话框中，在【主要关键字】的第 1 个下拉列表中选择【总评】，在第 3 个下拉列表中选择【降序】。

4. 单击 添加条件(A) 按钮，【排序】对话框中增加了 1 个条件行。在新条件行的第 1 个下拉列表中选择【作业】，在第 3 个下拉列表中选择【降序】。

5. 在【排序】对话框中，单击 确定 按钮。

6. 不保存工作簿，然后关闭工作簿。

对照本次实验和上次实验的结果，钱丑棋、吴巳墨、王未砚、褚戌竹的总成绩一样，因为前一实验没规定第 2 关键字，所以当总评成绩相同时，原来顺序在前者排序后也在前，排序结果是钱丑棋、吴巳墨、王未砚、褚戌竹。本实验有第 2 关键字，所以当总评成绩相同时，作业成绩高的在前，排序结果是褚戌竹、钱丑棋、吴巳墨、王未砚。

4.4.3 数据排序（三）

操作要求：对前面实验"总评成绩.xlsx"工作簿按对姓名按姓氏笔画由低到高排序，排序后的结果如图 4-45 所示。

	A	B	C	D	E	F
1	学生成绩表					
2	学号	姓名	作业	期中	期末	总评
3	2008012	卫亥菊	80	86	84	83.8
4	2008008	王末砚	95	95	91	91.8
5	2008009	冯申梅	100	100	98	98.4
6	2008003	孙寅书	95	96	97	96.7
7	2008006	吴巳墨	90	92	92	91.8
8	2008004	李卯画	88	93	86	86.9
9	2008010	陈酉兰	86	88	83	83.8
10	2008005	周辰笔	80	90	78	79.4
11	2008007	郑午纸	90	75	88	86.9
12	2008001	赵子琴	90	88	88	88.2
13	2008002	钱丑棋	90	92	92	91.8
14	2008011	褚戌竹	95	87	92	91.8
15						

图4-45　按姓氏笔画排序的结果

操作步骤如下。

1. 在 Excel 2007 中打开"总评成绩.xlsx"工作簿。
2. 选定 A2:F14 单元格区域中的 1 个单元格，单击【数据】选项卡【排序和筛选】组中的【排序】按钮，弹出【排序】对话框。
3. 在【排序】对话框中，在【主要关键字】的第 1 个下拉列表中选择【姓名】，在第 3 个下拉列表框中选择【升序】。
4. 单击 选项(O)… 按钮，弹出如图 4-46 所示的【排序选项】对话框。

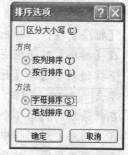

图4-46　【排序选项】对话框

5. 在【排序选项】对话框中点选【笔画顺序】单选项，单击 确定 按钮，返回到【排序】对话框。
6. 在【排序】对话框中，单击 确定 按钮。
7. 不保存工作簿，然后关闭工作簿。

图 4-46 中的 4 个单选项说明如下。

- 【按列排序】单选项：按一列中数据的大小进行排序，排序是通过交换工作表中的行来完成的。
- 【按行排序】单选项：按一行中数据的大小进行排序，排序是通过交换工作表中的列来完成的。
- 【字母排序】单选项：对于 ASCII 字符，按照它们在 ASCII 表中的顺序排序，对于汉字，按照汉字拼音的字典顺序排序。
- 【笔划排序】单选项：对于 ASCII 字符不起作用，对于汉字按笔画多少进行排序。

4.4.4 数据排序（四）

操作要求：对如图 4-47 所示的"人事信息表.xlsx"工作簿按性别排序，同一性别的按年龄由小到大排序，排序结果如图 4-48 所示。

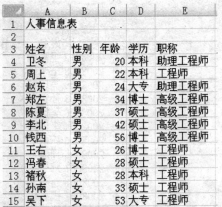

	A	B	C	D	E
1	人事信息表				
2					
3	姓名	性别	年龄	学历	职称
4	赵东	男	24	大专	助理工程师
5	钱西	男	56	博士	高级工程师
6	孙南	女	33	硕士	工程师
7	李北	男	42	硕士	高级工程师
8	周上	男	22	本科	工程师
9	吴下	女	53	大专	工程师
10	郑左	男	34	博士	高级工程师
11	王右	女	26	博士	工程师
12	冯春	女	28	硕士	工程师
13	陈夏	男	37	硕士	高级工程师
14	褚秋	女	28	本科	工程师
15	卫冬	男	20	本科	助理工程师

图4-47　人事信息表

	A	B	C	D	E
1	人事信息表				
2					
3	姓名	性别	年龄	学历	职称
4	卫冬	男	20	本科	助理工程师
5	周上	男	22	本科	工程师
6	赵东	男	24	大专	助理工程师
7	郑左	男	34	博士	高级工程师
8	陈夏	男	37	硕士	高级工程师
9	李北	男	42	硕士	高级工程师
10	钱西	男	56	博士	高级工程师
11	王右	女	26	博士	工程师
12	冯春	女	28	硕士	工程师
13	褚秋	女	28	本科	工程师
14	孙南	女	33	硕士	工程师
15	吴下	女	53	大专	工程师

图4-48　按性别排序的结果

操作步骤如下。

1. 在 Excel 2007 中打开"人事信息表.xlsx"工作簿。
2. 选定 A3:E15 单元格区域中的 1 个单元格，单击【数据】选项卡【排序和筛选】组中的【排序】按钮，弹出【排序】对话框。
3. 在【排序】对话框中，在【主要关键字】的第 1 个下拉列表中选择【性别】，在第 3 个下拉列表中选择【升序】。
4. 单击 添加条件(A) 按钮，【排序】对话框中增加了 1 个条件行。
5. 在新条件行的第 1 个下拉列表中选择【年龄】，在第 3 个下拉列表中选择【升序】。
6. 在【排序】对话框中，单击 确定 按钮。
7. 不保存工作簿，然后关闭工作簿。

4.4.5 数据筛选（一）

操作要求：从"总评成绩.xlsx"工作簿中筛选出作业分数大于 95 分的学生。筛选结果如图 4-49 所示。

	A	B	C	D	E	F
2	学号	姓名	作业	期中	期末	总评
5	2008003	孙寅书	95	96	97	96.7
10	2008008	王未砚	95	95	91	91.8
11	2008009	冯申梅	100	100	98	98.4
13	2008011	褚戍竹	95	87	92	91.8

图4-49　筛选出作业分数大于 95 分的学生的结果

操作步骤如下。

1. 在 Excel 2007 中打开"总评成绩.xlsx"工作簿。
2. 选定 A2:F14 单元格区域中的 1 个单元格。
3. 单击【数据】选项卡【排序和筛选】组中的【筛选】按钮。工作表的标题行中出现下拉列表按钮。

4. 在工作表中的【作业】下拉菜单中选择【数字筛
   选】/【大于】命令，弹出如图 4-50 所示的【自定
   义自动筛选方式】对话框。

5. 在第 1 行的第 2 个下拉列表中输入 "95"，单击
   确定 按钮。

6. 再次单击【数据】选项卡【排序和筛选】组中的
   【筛选】按钮，取消自动筛选，显示所有数据。

7. 关闭工作簿。

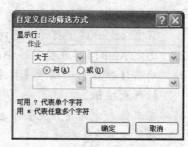

图4-50　【自定义自动筛选方式】对话框

4.4.6　数据筛选（二）

操作要求：从 "总评成绩.xlsx" 工作簿中筛选出期末成绩在 80～90 分的学生。筛选结
果如图 4-51 所示。

	A	B	C	D	E	F
2	学号	姓名	作业	期中	期末	总评
3	2008001	赵子琴	90	88	88	88.2
6	2008004	李卯画	88	93	86	86.9
9	2008007	郑午纸	90	75	88	86.9
12	2008010	陈酉兰	86	88	83	83.8
14	2008012	卫亥菊	80	86	84	83.8

图4-51　筛选出期末成绩在 80～90 分的学生的结果

操作步骤如下。

1. 在 Excel 2007 中打开 "总评成绩.xlsx" 工作簿。

2. 选定 A2:F14 单元格区域中的 1 个单元格。

3. 单击【数据】选项卡【排序和筛选】组中的【筛选】按钮。工作表的标题行中出现下
   拉列表按钮。

4. 在工作表中的【总评】下拉菜单中选择【数字筛选】/【介于】命令，弹出如图 4-52 所
   示的【自定义自动筛选方式】对话框。

5. 在第 1 行的第 2 个下拉列表中输入 "80"，在第 2
   行的第 2 个下拉列表中输入 "90"，单击 确定
   按钮。

6. 再次单击【数据】选项卡【排序和筛选】组中的
   【筛选】按钮，取消自动筛选，显示所有数据。

7. 关闭工作簿。

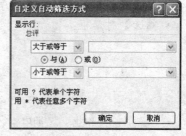

图4-52　【自定义自动筛选方式】对话框

4.4.7　数据筛选（三）

操作要求：从 "总评成绩.xlsx" 工作簿中筛选出作业、期中和期末成绩都大于等于 92
分的学生。筛选结果如图 4-53 所示。

	A	B	C	D	E	F
2	学号	姓名	作业	期中	期末	总评
5	2008003	孙寅书	95	96	97	96.7
11	2008009	冯申梅	100	100	98	98.4

图4-53　筛选出作业、期中和期末成绩都大于等于 92 分的学生的结果

操作步骤如下。

1. 在 Excel 2007 中打开"总评成绩.xlsx"工作簿。
2. 选定 A2:F14 单元格区域中的 1 个单元格。
3. 单击【数据】选项卡【排序和筛选】组中的【筛选】按钮。工作表的标题行中出现下拉列表按钮。
4. 在工作表中的【作业】下拉菜单中选择【数字筛选】/【大于】命令，弹出【自定义自动筛选方式】对话框。
5. 在第 1 行的第 2 个下拉列表中输入"92"，单击 确定 按钮。
6. 用同样的方法，设置·【期中】和【期末】下拉列表的筛选条件。
7. 再次单击【数据】选项卡【排序和筛选】组中的【筛选】按钮，取消自动筛选，显示所有数据。
8. 关闭工作簿。

4.4.8　数据筛选（四）

操作要求：从"总评成绩.xlsx"工作簿中筛选出作业、期中、期末分数中有且只有一门小于 90 分的学生。筛选结果如图 4-54 所示。

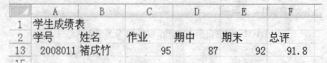

	A	B	C	D	E	F
1	学生成绩表					
2	学号	姓名	作业	期中	期末	总评
13	2008011	褚戌竹	95	87	92	91.8
15						

图4-54　筛选出作业、期中、期末分数中有且只有一门小于 90 分的学生的结果

操作步骤如下。

1. 在 Excel 2007 中打开"总评成绩.xlsx"工作簿。
2. 在 H2:J5 单元格区域内输入如图 4-55 所示的内容。
3. 选定 A2:H14 单元格区域中的 1 个单元格。
4. 单击【数据】选项卡【排序和筛选】组中的 高级 按钮，弹出如图 4-56 所示的【高级筛选】对话框。

H	I	J
作业	期中	期末
<90	>=90	>=90
>=90	<90	>=90
>=90	>=90	<90

图4-55　条件区域

图4-56　【高级筛选】对话框

5. 在【高级筛选】对话框中，在【条件区域】文本框中输入"$H$2:$J$5"，单击 确定 按钮。
6. 再次单击【数据】选项卡【排序和筛选】组中的【筛选】按钮，取消自动筛选，显示所有数据。
7. 关闭工作簿。

4.4.9 分类汇总（一）

操作要求：对前面实验的"人事信息表.xlsx"工作簿，统计各职称的人数。统计结果如图 4-57 所示。

操作步骤如下。

1. 在 Excel 2007 中打开"人事信息表.xlsx"工作簿。

2. 选定 E3:E15 单元格区域中的 1 个单格，单击【数据】选项卡【排序和筛选】组中的 $\frac{A}{Z}\downarrow$ 按钮。

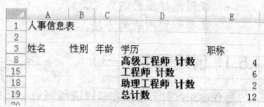

图4-57　按职称分类汇总的结果

3. 单击【数据】选项卡【分级显示】组的【分类汇总】按钮，弹出如图 4-58 所示的【分类汇总】对话框。

4. 在【分类汇总】对话框中的【分类字段】下拉列表中选择【职称】，在【汇总方式】下拉列表中选择【计数】，在【选定汇总项】列表框中勾选【职称】复选项，单击 确定 按钮。

5. 单击左侧分类汇总控制区域中的 2 按钮。

6. 再次单击【数据】选项卡【分级显示】组的【分类汇总】按钮，在弹出的【分类汇总】对话框中，单击 全部删除(R) 按钮，删除分类汇总结果。

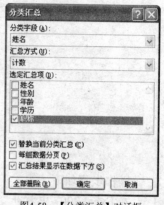

7. 关闭工作簿。

图4-58　【分类汇总】对话框

4.4.10 分类汇总（二）

操作要求：对以前实验的"人事信息表.xlsx"工作簿，统计各学历的平均年龄，统计结果如图 4-59 所示。

操作步骤如下。

1. 在 Excel 2007 中打开"人事信息表.xlsx"工作簿。

2. 选定 D3:D15 单元格区域中的 1 个单格，单击【数据】选项卡【排序和筛选】组中的 $\frac{A}{Z}\downarrow$ 按钮。

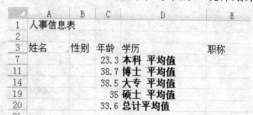

图4-59　按学历分类汇总

3. 单击【数据】选项卡【分级显示】组的【分类汇总】按钮，弹出【分类汇总】对话框。

4. 在【分类汇总】对话框的【分类字段】下拉列表中选择【学历】，在【汇总方式】下拉列表中选择【平均值】，在【选定汇总项】列表框中勾选【年龄】复选项，单击 确定 按钮。

5. 单击左侧分类汇总控制区域中的 2 按钮。

6. 再次单击【数据】选项卡【分级显示】组的【分类汇总】按钮，在弹出的【分类汇总】对话框中，单击 全部删除(R) 按钮，删除汇总结果。

7. 关闭工作簿。

4.5 实验五 Excel 2007 图表的使用

【实验目的】

- 掌握创建图表的方法。
- 掌握设置图表的方法。

4.5.1 创建图表（一）

操作要求：打开前面实验"成绩表.xlsx"工作簿，在原工作表中建立如图 4-60 所示的图表。

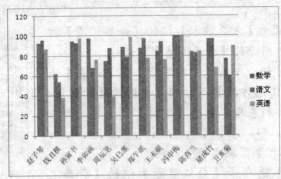

图4-60　成绩图表

操作步骤如下。

1. 在 Excel 2007 中打开"成绩表.xlsx"工作簿。
2. 选定 B2:E24 单元格区域。
3. 单击【插入】选项卡【图表】组中的【柱形图】按钮，打开图 4-61 所示的【柱形图】列表。

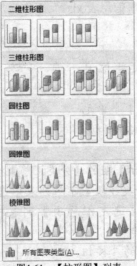

图4-61　【柱形图】列表

4. 在【柱形图】列表中，单击【二维柱形图】类中的第 1 个图标。
5. 单击■按钮保存工作簿，然后关闭工作簿。

4.5.2　创建图表（二）

操作要求：打开前面实验"奖金发放表.xlsx"工作簿，在新工作表中建立如图 4-62 所示的图表。

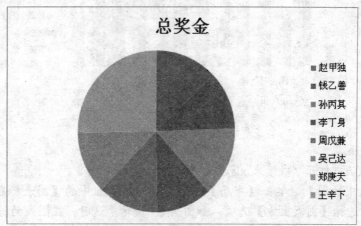

图4-62　奖金图表

操作步骤如下。

1. 在 Excel 2007 中打开"奖金发放表.xlsx"工作簿。
2. 选定 A4:A12 单元格区域，按住 Ctrl 键，再选定 E4:E12 单元格区域。
3. 单击【插入】选项卡【图表】组中的【饼图】按钮，打开图 4-63 所示的【饼图】列表。
4. 在【饼图】列表中，单击【二维饼图】类中的第 1 个图标，工作表中即插入 1 个饼图图表。
5. 单击新插入的图表，单击【设计】选项卡【位置】组中的【移动图表】按钮，弹出图 4-64 所示的【移动图表】对话框。

图4-63　【饼图】列表

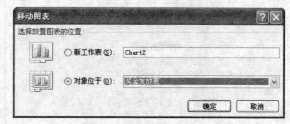

图4-64　【移动图表】对话框

6. 在【移动图表】对话框中，点选【新工作表】单选项，单击 确定 按钮。
7. 单击 🔒 按钮保存工作簿，然后关闭工作簿。

4.5.3　设置图表（一）

操作要求：设置前面建立的学生成绩图表，最后效果如图 4-65 所示。

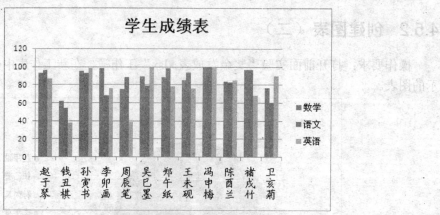

图4-65 设置后的学生成绩图表

操作步骤如下。

1. 在 Excel 2007 中打开"成绩表.xlsx"工作簿。

2. 选定工作表中的图表，单击【布局】选项卡【标签】组中的【图表标题】按钮，在打开的列表中选择【图表上方】选项，如图 4-66 所示。这时，在图表的标题处出现 1 个文本框。

3. 在【图表标题】文本框中输入"学生成绩表"。

4. 在图表中，单击学生的名单区，单击【布局】选项卡【当前所选内容】组中的 设置所选内容格式 按钮，在弹出的【设置坐标轴格式】对话框的左边的区域中选择【对齐方式】，【设置坐标轴格式】对话框如图 4-67 所示。

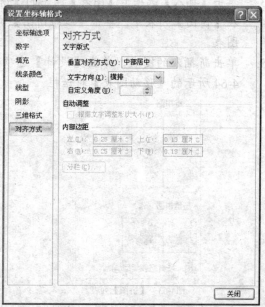

图4-66 【图表标题】列表　　　　　　　图4-67 【设置坐标轴格式】对话框

5. 在【设置坐标轴格式】对话框的右边区域中，在【文字方向】下拉列表中选择【竖排】，单击 关闭 按钮。

6. 在【开始】选项卡的【字体】组中，设置字体为"楷体_GB2312"，字号为"14"。

7. 单击 按钮保存工作簿，然后关闭工作簿。

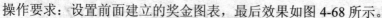

4.5.4　设置图表（二）

操作要求：设置前面建立的奖金图表，最后效果如图 4-68 所示。

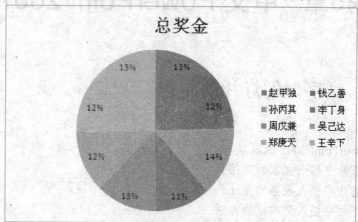

图4-68　设置后的奖金图表

操作步骤如下。

1. 在 Excel 2007 中打开"奖金发放.xlsx"工作簿，切换图表工作表为当前工作表。
2. 单击【布局】选项卡【标签】组中的【数据标签】按钮，在弹出的列表中选择【其他数据标签选项】选项，弹出如图 4-69 所示的【设置数据标签格式】对话框。

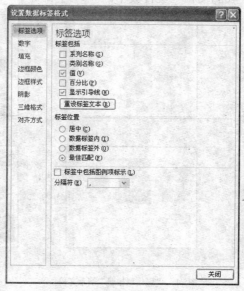

图4-69　【设置数据标签格式】对话框

3. 在【设置数据标签格式】对话框中，勾选【百分比】复选项，取消勾选【值】复选项，点选【数据标签内】单选项。单击 关闭 按钮。
4. 在图表中单击图例区，拖曳图例边框上的尺寸控点，使其到合适宽度和高度。
5. 将鼠标光标移动到图例区，拖曳图例区到合适位置。
6. 单击 按钮保存工作簿，然后关闭工作簿。

第5章 中文 PowerPoint 2007

5.1 实验一 文字型幻灯片的制作

【实验目的】
- 掌握 PowerPoint 2007 的启动与退出。
- 掌握幻灯片中插入文本的方法。
- 掌握幻灯片中插入表格的方法。
- 掌握幻灯片中插入文本框的方法。
- 掌握幻灯片中建立超链接的方法。

5.1.1 建立指定模板的演示文稿

操作要求：以"现代型相册"为模板建立演示文稿，如图 5-1 所示。以"现代型相册.pptx"为文件名保存到"我的文档"文件夹中。

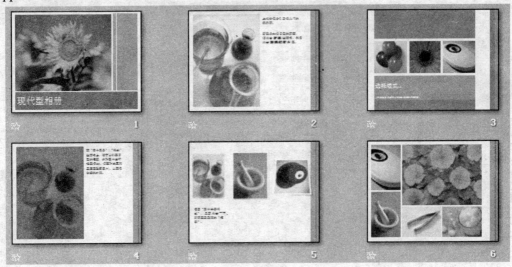

图5-1 "现代型相册"演示文稿

操作步骤如下。

1. 选择【开始】/【所有程序】/【Microsoft Office】/【Microsoft Office PowerPoint 2007】命令，启动 PowerPoint 2007。
2. 在【PowerPoint 2007】窗口中，单击 按钮，在打开的菜单中选择【新建】命令，弹出【新建演示文稿】对话框。

3. 在【新建演示文稿】对话框中，选择【模板】组中的【已安装的模板】命令，如图 5-2
   所示。

图5-2 【新建演示文稿】对话框

4. 在【新建演示文稿】对话框的【已安装的模板】列表中，选择【现代型相册】选项。
5. 在【新建演示文稿】对话框中，单击 创建 按钮，【PowerPoint 2007】窗口中出现以
   "现代型相册"为模板的演示文稿，共包含 6 张幻灯片。
6. 单击快速访问工具栏中的 按钮，弹出如图 5-3 所示的【另存为】对话框。

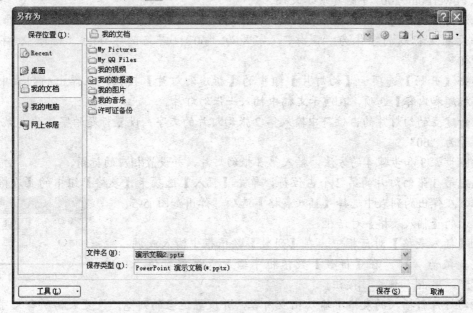

图5-3 【另存为】对话框

7. 在【保存位置】下拉列表中选择【我的文档】。
8. 在【文件名】下拉列表中，修改文件名为"现代型相册.pptx"。
9. 单击 保存(S) 按钮。

5.1.2 建立文字与表格幻灯片

操作要求：在演示文稿中制作如图 5-4 所示的 4 张幻灯片，以"计算机文化基础.pptx"为文件名保存到"我的文档"文件夹中。

图5-4 "计算机文化基础"演示文稿

操作步骤如下。

1. 在 PowerPoint 2007 中新建演示文稿。
2. 在幻灯片的占位符中输入第 1 张幻灯片中的文字"《计算机文化基础》"和"牛春耕"，并设置主标题的字体为"黑体"，字号为"60"；署名的字体为"楷体"，字号为"40"。
3. 单击【开始】选项卡【幻灯片】组中的【新建幻灯片】按钮，从弹出的列表中选择【标题和内容】选项，在演示文稿中插入一张幻灯片。
4. 在新建立的幻灯片的占位符中输入第 2 张幻灯片的文字。设置标题的字体为"黑体"，字号为"60"。
5. 按照步骤 3 和步骤 4 的方法，插入第 3 张幻灯片，并设置相应的标题。
6. 选定第 3 张幻灯片的第 2 个占位符，单击【插入】选项卡【表格】组中的【表格】按钮，在弹出的列表中选择【插入表格】选项，弹出如图 5-5 所示的【插入表格】对话框。
7. 在【插入表格】对话框中，在【列数】数值框中输入或调整数值为"2"，在【行数】数值框中输入或调整数值为"5"，单击 确定 按钮。

图5-5 【插入表格】对话框

8. 在幻灯片新插入的表格中输入相应内容，并设置适当的列宽，设置表格所有文字的字号为"36"，标题文字为"加粗"，内容文字的字体为"仿宋_GB2312"。
9. 按照步骤 5～步骤 8 的方法建立第 4 张幻灯片。
10. 单击 📩 按钮，在弹出的对话框中以"计算机文化基础.pptx"为文件名保存演示文稿到"我的文档"文件夹中，然后关闭演示文稿。

5.1.3 建立带文本框的幻灯片

操作要求：在演示文稿中制作如图 5-6 所示的 4 张幻灯片，以"10 首唐诗.pptx"为文件名保存到"我的文档"文件夹中。

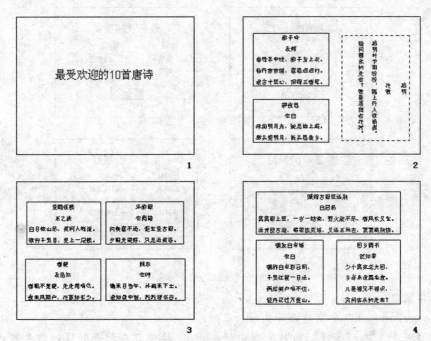

图5-6 "10 首唐诗"演示文稿

操作步骤如下。

1. 在 PowerPoint 2007 中新建演示文稿。
2. 在幻灯片的占位符中输入"最受欢迎的 10 首唐诗"。
3. 单击【开始】选项卡【幻灯片】组中的【新建幻灯片】按钮，从弹出的列表中选择【标题和内容】选项，在演示文稿中插入 1 张幻灯片。
4. 单击【插入】选项卡【文本】组中的【文本框】按钮，在打开的列表中选择【横排文本框】选项，鼠标光标变成↓状，在幻灯片的适当位置拖曳鼠标，出现 1 个空文本框。
5. 在文本框内单击鼠标，出现鼠标光标，输入第 1 首唐诗。
6. 单击文本框的边框，选定文本框。单击【格式】选项卡【形状样式】组中的 形状轮廓 按钮，在打开的颜色列表中选择黑色。
7. 单击【开始】选项卡【段落】组中的 按钮，在打开的【行距】列表（见图 5-7）中选择【1.5】选项。
8. 按照步骤 4～步骤 7 的方法，在幻灯片中插入另外 2 个文本框（需要注意的是，第 3 个文本框是竖排文本框）。
9. 按照步骤 3～步骤 8 的方法，建立另外 2 张幻灯片。
10. 单击 按钮，在弹出的对话框中以"10 首唐诗.pptx"为文件名保存演示文稿到"我的文档"文件夹中，然后关闭演示文稿。

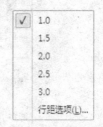

图5-7 【行距】列表

5.1.4 建立带超链接与命令按钮的幻灯片

操作要求：在演示文稿中制作如图 5-8 所示的 4 张幻灯片，以"我的爱好.pptx"为文件名保存到"我的文档"文件夹中。

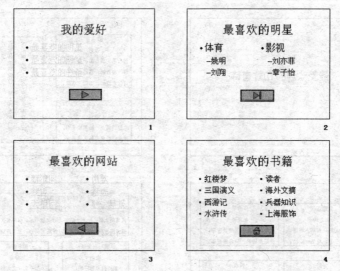

图5-8 "我的爱好"演示文稿

操作步骤如下。

1. 在 PowerPoint 2007 中新建演示文稿。

2. 单击【开始】选项卡【幻灯片】组中的 版式▾ 按钮，在打开的【幻灯片版式】列表中选择【标题和内容】选项。在幻灯片的占位符中输入第 1 张幻灯片中的文字。

3. 单击【开始】选项卡【幻灯片】组中的【新建幻灯片】按钮，从弹出的列表中选择【两栏内容】选项，在演示文稿中插入 1 张幻灯片。

4. 在幻灯片的占位符中输入第 2 张幻灯片中的内容。

5. 按照步骤 3 和步骤 4 的方法，插入第 3 张和第 4 张幻灯片，并输入相应的文字。

6. 选定第 1 张幻灯片，选定幻灯片中的"最喜欢的明星"，单击【插入】选项卡【链接】组中的【超链接】按钮，从弹出的【插入超链接】对话框中，选择【本文档中的位置】选项，如图 5-9 所示。

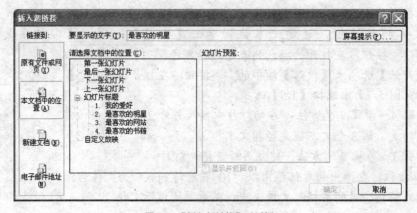

图5-9 【插入超链接】对话框

7. 在【请选择文档中的位置】列表框中选择【幻灯片标题】下的"最喜欢的明星",然后再单击 确定 按钮。

8. 按照步骤 6 和步骤 7 的方法,为"最喜欢的网站"和"最喜欢的书籍"建立超链接。

9. 选定第 3 张幻灯片,在幻灯片中选定"新浪网",单击【插入】选项卡【链接】组中的【超链接】按钮,弹出【插入超链接】对话框。

10. 在【插入超链接】对话框中选择【原有文件或网页】选项,在【请键入文件名称或 Web 页名称】文本框中输入"www.sina.com.cn",然后再单击 确定 按钮。

11. 按照步骤 9 和步骤 10 的方法,建立其他链接:搜狐(www.sohu.com)、天极(www.yesky.com)、Microsoft(www.microsoft.com)、YAHOO!(www.yahoo.com)、联合早报(www.zaobao.com)。

12. 选定第 1 张幻灯片,单击【插入】选项卡【插图】组中的【形状】按钮,在打开的【形状】列表的【动作按钮】类中,单击 ▷ 按钮,如图 5-10 所示。

13. 在幻灯片的适当位置拖曳鼠标,产生 1 个动作按钮,同时弹出如图 5-11 所示的【动作设置】对话框。

图5-10 【动作按钮】类中的按钮　　　　　　　图5-11 【动作设置】对话框

14. 在【动作设置】对话框中,不做任何设置,单击 确定 按钮。

15. 按照步骤 12~步骤 14 的方法,为其他 3 张幻灯片中插入 ▷|、|◁ 和 ⌂ 动作按钮。

16. 单击 ⊟ 按钮,从弹出的对话框中以"我的爱好.pptx"为文件名保存演示文稿到"我的文档"文件夹中,然后关闭演示文稿。

5.2 实验二 媒体型幻灯片的制作

【实验目的】
- 掌握幻灯片中插入图表的方法。
- 掌握幻灯片中插入剪贴画的方法。
- 掌握幻灯片中插入图片的方法。
- 掌握幻灯片中插入艺术字的方法。
- 掌握幻灯片中插入音频的方法。
- 掌握幻灯片中插入视频的方法。

5.2.1 建立媒体型幻灯片（一）

操作要求：在演示文稿中制作如图 5-12 所示的 4 张幻灯片，以"永不亏公司.pptx"为文件名保存到"我的文档"文件夹中。

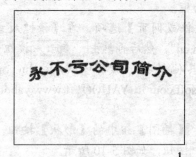

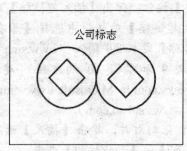

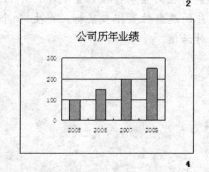

图5-12 "永不亏公司"演示文稿

操作步骤如下。

1. 在 PowerPoint 2007 中新建演示文稿。
2. 单击【插入】选项卡【文本】组中的【艺术字】按钮，从打开的艺术字样式列表中选择第 1 个样式。此时，幻灯片中插入 1 个艺术字框，艺术字框内出现鼠标光标，同时功能区中增加了【格式】选项卡。
3. 修改艺术字框中的文字为"永不亏公司简介"，通过【开始】选项卡【字体】组中的相应工具，设置艺术字的【字号】为"80"，【字体】为"隶书"。
4. 选定艺术字框中的文字，单击【格式】选项卡【艺术字样式】组▲按钮右边的▾按钮，在打开的列表中选择"黑色"；单击【艺术字样式】组✍按钮右边的▾按钮，从打开的列表中选择【无轮廓】选项；单击【艺术字样式】组中的 A▾ 按钮，从打开的列表中选择【转换】选项，并在打开的列表中选择【跟随路径】类中的第 1 个图标。
5. 单击【开始】选项卡【幻灯片】组中的【新建幻灯片】按钮的下半部分，从弹出的列表中选择【标题和内容】选项，在演示文稿中插入 1 张幻灯片。
6. 在幻灯片的占位符中输入第 2 张幻灯片的标题。
7. 用以前实验的方法在幻灯片中设计 1 个相应大小的铜钱图形，并把该图形（1 个圆和 1 个正方形）组合成 1 个图形。设置图形的线型粗细为"6 磅"。
8. 选定组合后的图形，按 Ctrl+C 组合键，把图形复制到剪贴板，再按 Ctrl+V 组合键，粘贴图形，拖曳新粘贴的图形到适当的位置。

9. 单击【开始】选项卡【幻灯片】组中的【新建幻灯片】按钮，从弹出的列表中选择【标题和内容】选项，在演示文稿中插入 1 张幻灯片。

10. 在幻灯片的占位符中输入第 3 张幻灯片的标题。

11. 用前面实验的方法，以"卡通"为关键字在剪辑库中搜索，如图 5-13 所示，插入所需要的剪贴画。

12. 在幻灯片中，拖曳新插入的剪贴画到合适位置，再拖曳其尺寸控点到合适大小。

13. 单击【开始】选项卡【幻灯片】组中的【新建幻灯片】按钮，从弹出的列表中选择【标题和内容】选项，在演示文稿中插入 1 张幻灯片。

14. 在幻灯片的占位符中输入第 4 张幻灯片的标题。

15. 单击幻灯片中的 图标，从弹出的【图表类型】列表中选择【柱形图表】选项，打开一个 Excel 2007 窗口，如图 5-14 所示。

图5-13 剪辑库中的搜索结果

图5-14 Excel 2007 窗口

16. 在 Excel 2007 窗口中，拖曳数据区域右下角到 B5 单元格（不使用系列 2 和系列 3），修改"系列 1"为"利润"，修改 4 个类别（类别 1、类别 2、类别 3 和类别 4）为 4 个年份（2005、2006、2007、2008），在 B2:B5 单元格区域中输入 4 个年份的利润值（100、150、200、250）。

17. 关闭 Excel 2007 窗口，完成图表数据的修改。

18. 单击 按钮，在弹出的对话框中以"永不亏公司简介.pptx"为文件名保存演示文稿到"我的文档"文件夹中，然后关闭演示文稿。

5.2.2 建立媒体型幻灯片（二）

操作要求：在演示文稿中制作如图 5-15 所示的 4 张幻灯片，以"狐狸和乌鸦.pptx"为文件名保存到"我的文档"文件夹中。幻灯片中的狐狸图片、乌鸦图片、背景音乐、第 3 张幻灯片中的视频都已事先准备好，存放在"我的文档"文件夹中，文件名分别是"狐狸.jpg"、"乌鸦.jpg"、"背景音乐.wma"和"狐狸和乌鸦.mpg"。

图5-15 "狐狸和乌鸦"演示文稿

操作步骤如下。

1. 在 PowerPoint 2007 中新建演示文稿。

2. 单击【开始】选项卡【幻灯片】组中的 版式 按钮，从打开的【幻灯片版式】列表中选择【标题和内容】选项。在幻灯片的占位符中输入第 1 张幻灯片中的标题和文字。

3. 单击幻灯片中的 按钮，从弹出的【插入图片】对话框中选择"我的文档"文件夹，如图 5-16 所示。

图5-16 【插入图片】对话框

4. 在【插入图片】对话框中，选择文件"狐狸.jpg"，单击 插入(S) 按钮。

5. 在幻灯片中，将鼠标光标移动到图片上，拖曳鼠标使其到合适的位置，将鼠标光标移动到图片的尺寸控点上，拖曳鼠标使其大小合适。

6. 单击【格式】选项卡【排列】组中的 置于底层 按钮。

7. 单击【插入】选项卡【媒体剪辑】组中的【声音】按钮，从打开的列表中选择【文件中的声音】选项，在弹出的【插入声音】对话框中选择"我的文档"文件夹，如图 5-17 所示。

8. 在【插入声音】对话框中，选择文件"背景音乐.wma"，单击 确定 按钮。这时，弹出如图 5-18 所示的【Microsoft Office PowerPoint】对话框，在该对话框中单击 自动(A) 按钮。

图5-17 【插入声音】对话框

图5-18 【Microsoft Office PowerPoint】对话框

9. 在幻灯片中，拖曳新插入的声音图标到合适位置，再拖曳其尺寸控点到合适大小。

10. 按照步骤3～步骤9的方法，插入其余的幻灯片，并在幻灯片中插入相应的剪贴画和声音。

11. 单击 🔲 按钮，从弹出的对话框中以"狐狸和乌鸦.pptx"为文件名保存演示文稿到"我的文档"文件夹中，然后关闭演示文稿。

5.3 实验三 幻灯片静态效果的设置

【实验目的】

- 掌握设置背景的方法。
- 掌握更换主题的方法。
- 掌握更改母版的方法。
- 掌握设置页眉和页脚的方法。

5.3.1 设置静态效果（一）

操作要求：设置前面实验"狐狸和乌鸦.pptx"演示文稿为如图 5-19 所示的格式。第 1、第 2 张幻灯片的背景填充纹理分别为"水滴"和"白色大理石"，第 3、第 4 张幻灯片的背景填充纹理分别为"碧海蓝天"和"雨后初晴"，方向分别是"线型对角 3"和"线型对角 1"。

图5-19 设置效果后的幻灯片

操作步骤如下。

1. 在 PowerPoint 2007 中打开"狐狸和乌鸦.pptx"演示文稿。

2. 选定第 1 张幻灯片，单击【设计】选项卡【背景】组中的 按钮，从打开的【背景样式】列表中选择【设置背景格式】选项，从弹出的【设置背景格式】对话框中点选【图片或纹理填充】单选项，如图 5-20 所示。

3. 在【设置背景格式】对话框中，打开【纹理】下拉列表，如图 5-21 所示。

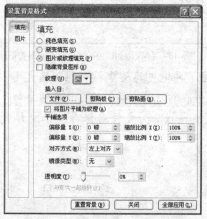

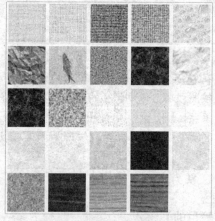

图5-20　【设置背景格式】对话框　　　　　　　图5-21　【纹理】列表

4. 在【纹理】列表中，单击【水滴】图标（第 1 行第 5 列的图标）。

5. 在【设置背景格式】对话框中，单击 ▨ 关闭 ▨ 按钮。

6. 按照步骤 2～步骤 5 的方法，设置两张幻灯片的背景填充图案的纹理为"白色大理石"（列表中第 1 行第 5 列的图标）。

7. 选定第 3 张幻灯片，单击【设计】选项卡【背景】组中的 按钮，从打开的【背景样式】列表中选择【设置背景格式】选项，从弹出的【设置背景格式】对话框中点选【渐变填充】单选项，如图 5-22 所示。

8. 在【设置背景格式】对话框中，打开【预设颜色】下拉列表，如图 5-23 所示，单击列表中第 2 行第 2 列的【碧海蓝天】图标。

9. 在【设置背景格式】对话框中，打开【方向】下拉列表，单击列表中第 1 行第 3 列的【线型对角 2】图标，如图 5-24 所示。

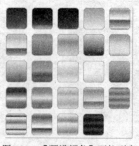

图5-22　【设置背景格式】对话框　　　　图5-23　【预设颜色】下拉列表　　　　图5-24　【方向】下拉列表

10. 在【设置背景格式】对话框中，单击 [关闭] 按钮。
11. 按照步骤 8～步骤 10 的方法，设置 4 张幻灯片的背景填充效果为"雨后初晴"（【预设颜色】列表第 1 行第 4 列的图标），方向为"线型对角 1"（【方向】列表第 1 行第 1 列的图标）。
12. 单击🖫按钮保存演示文稿，然后关闭演示文稿。

5.3.2 设置静态效果（二）

操作要求：设置前面实验"我的爱好.pptx"演示文稿为如图 5-25 所示的格式。其中，4 张幻灯片的背景图片分别为"Windows"文件夹下的"FeatherTexture.bmp"、"Santa Fe Stucco.bmp"、"Gone Fishing.bmp"和"River Sumida.bmp"文件。

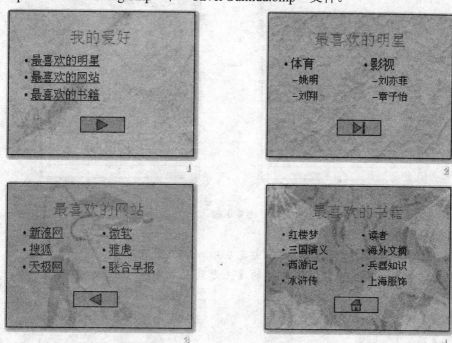

图5-25 设置效果后的幻灯片

操作步骤如下。

1. 在 PowerPoint 2007 中打开"我的爱好.pptx"演示文稿。
2. 选定第 1 张幻灯片，单击【设计】选项卡【背景】组中的 [背景样式] 按钮，从打开的【背景样式】列表中选择【设置背景格式】选项，从弹出的【设置背景格式】对话框中点选【图片或纹理填充】单选项。
3. 在【设置背景格式】对话框中，单击 [文件(F)...] 按钮，弹出【插入图片】对话框，插入"Windows"文件夹中的"FeatherTexture.bmp"文件。
4. 在【设置背景格式】对话框中，单击 [关闭] 按钮。
5. 按照步骤 2～步骤 4 的方法，设置第 2 张～第 4 张幻灯片背景图片为"Windows"文件夹下的"Santa Fe Stucco.bmp"、"Gone Fishing.bmp"和"River Sumida.bmp"文件。
6. 单击🖫按钮保存演示文稿，然后关闭演示文稿。

5.3.3 设置静态效果（三）

操作要求：设置前面实验"计算机文化基础.pptx"演示文稿为如图 5-26 所示的格式。4 张幻灯片的主题为"夏至"，用幻灯片母版为幻灯片的右上角添加"内部资料"4 个字，字体为"隶书"，字号为"40"，除了标题幻灯片外每张幻灯片中均包含幻灯片编号。

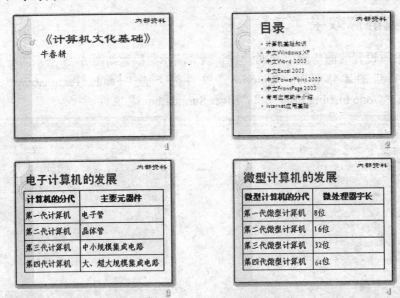

图5-26　设置效果后的幻灯片

操作步骤如下。

1. 在 PowerPoint 2007 中打开"计算机文化基础.pptx"演示文稿。
2. 单击【设计】选项卡中【主题】组的【主题列表】中的 按钮，打开【所有主题】列表，如图 5-27 所示。

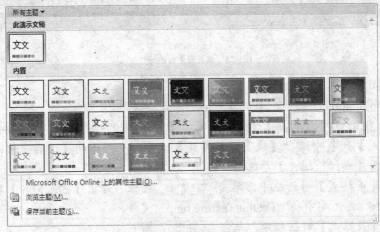

图5-27　【主题】列表

3. 在【所有主题】列表中，单击"夏至"主题图标（第 3 行第 2 列的图标），所有幻灯片的主题都更改为"夏至"主题。

114

4. 单击【插入】选项卡【文本】组中的【页眉和页脚】按钮，弹出【页眉和页脚】对话框，如图 5-28 所示。

5. 在【页眉和页脚】对话框的【幻灯片】选项卡中，勾选【幻灯片编号】复选项和【标题幻灯片中不显示】复选项，单击 全部应用(Y) 按钮。

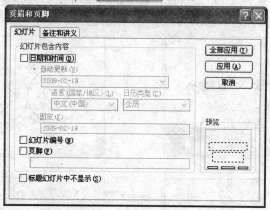

图5-28 【页眉和页脚】对话框

6. 单击【视图】选项卡【演示文稿视图】组中的【幻灯片母版】按钮，窗口切换到幻灯片母版视图状态。

7. 单击窗口左窗格第 1 个幻灯片图标，幻灯片母版如图 5-29 所示。

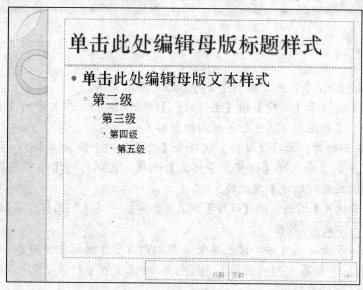

图5-29 幻灯片母版效果

8. 单击【插入】选项卡【文本】组中的【文本框】按钮，在打开的列表中选择【横排文本框】选项，鼠标光标变成↓状，在幻灯片母版的右上角拖曳鼠标，出现 1 个空文本框。

9. 在文本框内输入"内部资料"，选定输入的文字，并设字体为"隶书"，字号为"40"。

10. 如果文本框内的大小或位置不合适，拖曳文本框尺寸控点或边框，使文本框的大小或位置合适。

11. 单击【幻灯片母版】选项卡【关闭】组中的【关闭母版视图】按钮，返回普通视图状态。

12. 单击 🖫 按钮保存演示文稿，然后关闭演示文稿。

5.3.4 设置静态效果（四）

操作要求：设置前面实验"永不亏公司.pptx"演示文稿为如图 5-30 所示的格式。4 张幻灯片的主题设置为"聚合"，4 张幻灯片背景的纹理分别为"花束"、"羊皮纸"、"蓝色面巾纸"和"信纸"。通过母版，在幻灯片的右下角添加一个笑脸形状。

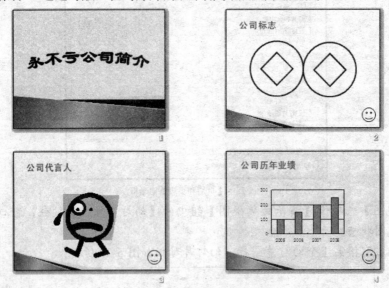

图5-30　设置效果后的幻灯片

操作步骤如下。

1. 在 PowerPoint 2007 中打开"永不亏公司.pptx"演示文稿。

2. 单击【设计】选项卡【主题】组【主题列表】中的 ▾ 按钮，在打开的【主题】列表中，单击"聚合"主题图标（第 2 行第 3 列的图标）。

3. 选定第 1 张幻灯片，单击【设计】选项卡【背景】组中的 背景样式 ▾ 按钮，在打开的【背景样式】列表中选择【设置背景格式】选项，在弹出的【设置背景格式】对话框中勾选【图片或纹理填充】单选项。

4. 在【设置背景格式】对话框的【纹理】列表中，单击"花束"图标（第 4 行第 5 列的图标），单击 关闭 按钮。

5. 按照步骤 2～步骤 4 的方法，设置其余 4 张幻灯片背景的纹理分别为"羊皮纸"（图 5-21 的列表中第 3 行第 5 列的图标）、"蓝色面巾纸"（第 4 行第 2 列的图标）和"信纸"（第 4 行第 1 列的图标）。

6. 单击【视图】选项卡【演示文稿视图】组中的【幻灯片母版】按钮，窗口切换到幻灯片母版视图状态。

7. 单击窗口左窗格第 1 个幻灯片图标，单击【插入】选项卡【插图】组中的【形状】按钮，在打开的【形状】列表中单击"笑脸"图标。

8. 在幻灯片母板的右下角拖曳鼠标，绘出一个相应的笑脸。

9. 单击【幻灯片母版】选项卡【关闭】组中的【关闭母版视图】按钮，返回普通视图状态。

10. 单击 🖬 按钮保存演示文稿，然后关闭演示文稿。

5.3.5 设置静态效果（五）

操作要求：设置前面实验"10 首唐诗.pptx"演示文稿为如图 5-31 所示的格式。4 张幻灯片的主题是"凸显"，4 张幻灯片背景的纹理分别为"麦浪滚滚"、"金色年华"、"茵茵绿原"和"薄雾浓云"。4 张幻灯片都显示幻灯片编号。通过母板，在幻灯片的右上角添加 1 个新月形状。

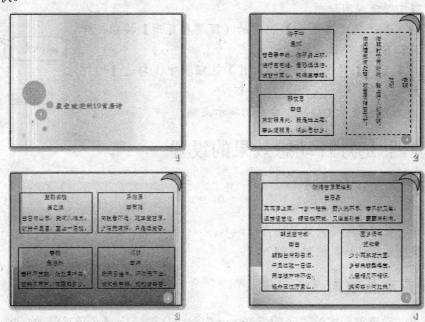

图5-31　设置效果后的幻灯片

操作步骤如下。

1. 在 PowerPoint 2007 中打开"10 首唐诗.pptx"演示文稿。

2. 单击【设计】选项卡【主题】组【主题列表】中的 按钮，在打开的【主题】列表中，单击"凸显"主题图标（第 3 行第 1 列的图标），所有幻灯片的主题都更改为"凸显"主题。

3. 选定第 1 张幻灯片，单击【设计】选项卡【背景】组中的 背景样式 按钮，在打开的【背景样式】列表中选择【设置背景格式】选项，在弹出的【设置背景格式】对话框中选中【图片或纹理填充】单选项。

4. 在【设置背景格式】对话框的【纹理】列表中，单击"麦浪滚滚"图标（第 3 行第 3 列的图标）。

5. 在【设置背景格式】对话框中，单击 关闭 按钮。

6. 按照步骤 2～步骤 5 的方法，设置其余 4 张幻灯片背景的纹理分别为"金色年华"（第 4 行第 3 列的图标）、"茵茵绿原"（第 3 行第 1 列的图标）和"薄雾浓云"（第 2 行第 5 列的图标）。

7. 单击【视图】选项卡【演示文稿视图】组中的【幻灯片母版】按钮，窗口切换到幻灯片母版视图状态。

8. 单击窗口左窗格第 1 个幻灯片图标，单击【插入】选项卡【插图】组中的【形状】按钮，在打开的【形状】列表中单击"新月"图标。

9. 在幻灯片母版的右下角拖曳鼠标，绘出 1 个相应的小的新月形状。

10. 选定刚绘制的新月形状，拖曳其旋转控点，如图 5-32 所示，使其按顺时针方向旋转大约 135°，然后拖曳新月形状到合适的位置。

11. 单击【幻灯片母版】选项卡【关闭】组中的【关闭母版视图】按钮，返回普通视图状态。

12. 单击【插入】选项卡【文本】组中的【页眉和页脚】按钮，弹出【页眉和页脚】对话框。

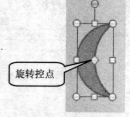

图5-32　旋转控点

13. 在【页眉和页脚】对话框的【幻灯片】选项卡中，勾选【幻灯片编号】复选项，单击 全部应用(Y) 按钮。

14. 单击 🔲 按钮保存演示文稿，然后关闭演示文稿。

5.4 实验四 幻灯片动态效果的设置

【实验目的】

- 掌握设置幻灯片动画效果的方法。
- 掌握设置幻灯片切换效果的方法。
- 掌握设置幻灯片放映时间的方法。

5.4.1 设置动画效果（一）

操作要求：设置前面实验"我的爱好.pptx"演示文稿，1～4 张幻灯片的动画效果分别为"淡出"、"擦除"、"飞入"和"淡出"。

操作步骤如下。

1. 在 PowerPoint 2007 中打开"我的爱好.pptx"演示文稿。

2. 在第 1 张幻灯片中单击鼠标，按 Ctrl+A 组合键选定幻灯片中的所有内容。

3. 打开【动画】选项卡【动画】组中的【动画】下拉列表，如图 5-33 所示，从中选择【淡出】选项。

4. 按照步骤 2～步骤 3 的方法，设置其余 3 张幻灯片的动画效果分别为"擦除"、"飞入"和"淡出"。

图5-33　【动画】列表

5. 单击 🔲 按钮保存演示文稿，然后关闭演示文稿。

5.4.2 设置动画效果（二）

操作要求：设置前面实验"计算机文化基础.pptx"演示文稿，1～4 张幻灯片的的动画效果分别为"百叶窗"、"飞入"、"盒状"和"菱形"。

操作步骤如下。

1. 在 PowerPoint 2007 中打开"我的爱好.pptx"演示文稿。

2. 在第 1 张幻灯片中单击鼠标，按 Ctrl+A 组合键选定幻灯片中的所有内容。

3. 打开【动画】选项卡【动画】组中的【动画】下拉列表，从中选择【自定义动画】选项，窗口中出现【自定义动画】任务窗格，如图 5-34 所示。

4. 在【自定义动画】任务窗格中，单击  按钮，打开如图 5-35 所示的【动画效果】菜单，选择【进入】/【百叶窗】命令。

图5-34　【自定义动画】任务窗格　　　　　图5-35　【动画效果】菜单

5. 按照步骤 2～步骤 4 的方法，设置其余 3 张幻灯片的动画效果分别为"飞入"、"盒状"和"菱形"。

6. 单击 按钮保存演示文稿，然后关闭演示文稿。

5.4.3　设置切换效果（一）

操作要求：设置实验"永不亏公司.pptx"的切换效果如下。
- 第 1 张幻灯片的切换效果为"平滑淡出"。
- 第 2 张幻灯片的切换效果为"向下擦除"。
- 第 3 张幻灯片的切换效果为"向下推进"。
- 第 4 张幻灯片的切换效果为"水平百叶窗"。

操作步骤如下。

1. 在 PowerPoint 2007 中打开"永不亏公司.pptx"演示文稿。

2. 选定第 1 张幻灯片，单击【动画】选项卡【切换到此幻灯片】组【切换效果】列表中的 按钮，打开【切换效果】列表，如图 5-36 所示。

3. 在【切换效果】列表中选择"平滑淡出"图标（【淡出和溶解】类第 1 个图标）。

4. 按照步骤 2～步骤 3 方法设置第 2 张～第 4 张幻灯片切换效果为"向下擦除"（【擦除】类第 1 个图标）、"向下推进"（【推进和覆盖】类第 1 个图标）和"水平百叶窗"（【条纹和横纹】类第 1 个图标）。

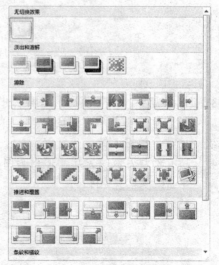

图5-36　【切换效果】列表

5. 单击 按钮保存演示文稿，然后关闭演示文稿。

5.4.4 设置切换效果（二）

操作要求：设置前面实验"狐狸与乌鸦.pptx"的切换效果如下。
- 第 1 张幻灯片的切换效果为"从全黑淡出"（【淡出和溶解】类第 2 个图标）。
- 第 2 张幻灯片的切换效果为"向左擦除"（【擦除】类第 2 个图标）。
- 第 3 张幻灯片的切换效果为"向左推进"（【推进和覆盖】类第 2 个图标）。
- 第 4 张幻灯片的切换效果为"垂直百叶窗"（【条纹和横纹】类第 1 个图标）。

操作步骤与前一实验类似，此处不再提示。

5.4.5 设置放映时间（一）

操作要求：为前面实验"狐狸和乌鸦.pptx"演示文稿的每一张幻灯片排练计时。
操作步骤如下。

1. 在 PowerPoint 2007 中打开"狐狸和乌鸦.pptx"演示文稿。
2. 单击【幻灯片放映】选项卡【设置】组中的 排练计时 按钮，系统切换到幻灯片放映视图方式，如图 5-37 所示，同时屏幕上出现如图 5-38 所示的【预演】工具栏。

图5-37　幻灯片放映视图

3. 根据需要，在【预演】工具栏中，单击 按钮，进行下一张幻灯片的计时；单击 按钮，暂停当前幻灯片的计时；单击 按钮，重新对当前幻灯片计时。如果要中断排练计时，按 Esc 键。
4. 所有幻灯片放映完后，弹出如图 5-39 所示的【Microsoft Office PowerPoint】对话框，单击 是(Y) 按钮。

图5-38　【预演】工具栏

图5-39　【Microsoft Office PowerPoint】对话框

5. 单击 按钮保存演示文稿，然后关闭演示文稿。

5.4.6 设置放映时间（二）

操作要求：设置前面实验"10 首唐诗.pptx"的放映时间，第 1 张的放映时间是 5s，第 2 张的放映时间是 6s，第 3 张的放映时间是 7s，第 4 张的放映时间是 8s。

操作步骤如下。

1. 在 PowerPoint 2007 中打开"10 首唐诗.pptx"演示文稿。
2. 选定第 1 张幻灯片。
3. 在【动画】选项卡【切换到此幻灯片】组中，勾选【在此之后自动设置动画效果】复选项，如图 5-40 所示，并在其右边的数值框中输入或调整值为"00:05"。

图5-40 设置放映时间

4. 用步骤 2 和步骤 3 的方法设置其他幻灯片的放映时间。
5. 单击 按钮保存演示文稿，然后关闭演示文稿。

5.4.7 设置放映时间（三）

操作要求：设置前面实验"我的爱好.pptx"的放映时间，所有幻灯片的放映时间都是 5s。

操作步骤如下。

1. 在 PowerPoint 2007 中打开"我的爱好.pptx"演示文稿。
2. 选定任意一张幻灯片。
3. 在【动画】选项卡【切换到此幻灯片】组中，勾选【在此之后自动设置动画效果】复选项，并在其右边的数值框中输入或调整值为"00:05"。
4. 单击【动画】选项卡【切换到此幻灯片】组中的 全部应用 按钮。
5. 单击 按钮保存演示文稿，然后关闭演示文稿。

5.5 实验五 幻灯片的放映与打包

【实验目的】

- 掌握幻灯片放映启动的方法。
- 掌握幻灯片放映控制的方法。
- 掌握幻灯片的打包方法。

5.5.1 放映幻灯片（一）

操作要求：依次放映前面实验"我的爱好.pptx"中的所有幻灯片。

操作步骤如下。

1. 在 PowerPoint 2007 中打开"我的爱好.pptx"演示文稿。
2. 按 F5 功能键，放映幻灯片。
3. 单击鼠标，切换到下一张幻灯片。
4. 放映完后，关闭演示文稿。

5.5.2 放映幻灯片（二）

操作要求：放映前面实验"计算机文化基础.pptx"幻灯片，放映完第 3 张幻灯片时，再返回到第 2 张幻灯片。

操作步骤如下。

1. 在 PowerPoint 2007 中打开"计算机文化基础.pptx"演示文稿。
2. 按 F5 功能键，放映幻灯片。
3. 单击鼠标，切换到下一张幻灯片。
4. 放映完第 3 张幻灯片时，按 P 键。
5. 放映完后，关闭演示文稿。

5.5.3 标注幻灯片

操作要求：放映前面实验"永不亏公司简介.pptx"幻灯片，并根据自己的喜好，用荧光笔在幻灯片上进行标注。

操作步骤如下。

1. 在 PowerPoint 2007 中打开"永不亏公司简介.pptx"演示文稿。
2. 按 F5 键，放映幻灯片。
3. 单击鼠标右键，从弹出的快捷菜单中选择【指针选项】/
   【荧光笔】命令，如图 5-41 所示。
4. 在幻灯片中拖曳鼠标进行标注。
5. 放映完后，关闭演示文稿。

图5-41 【放映控制】快捷菜单

5.5.4 幻灯片打包

操作要求：将前面实验"狐狸与乌鸦.pptx"打包到"我的文档"文件夹中的"狐狸与乌鸦"文件夹中。

操作步骤如下。

1. 在 PowerPoint 2007 中打开"狐狸与乌鸦.pptx"演示文稿。
2. 单击 按钮，在打开的菜单中选择【发布】/【CD 数据包】命令，弹出如图 5-42 所示的【打包成 CD】对话框。

图5-42 【打包成 CD】对话框

3. 在【打包成 CD】对话框中，单击 复制到文件夹(F)... 按钮，弹出【复制到文件夹】对话框，如图 5-43 所示。

图5-43　【复制到文件夹】对话框

4. 在【复制到文件夹】对话框的【文件夹名称】文本框中输入"狐狸与乌鸦"，单击 浏览(B)... 按钮，从打开的对话框中选择"我的文档"文件夹，单击 确定 按钮。
5. 在【打包成 CD】对话框中，单击 关闭 按钮。
6. 关闭演示文稿。

打包完成后，在"我的文档"文件夹的"狐狸与乌鸦"文件夹中，包含了打包后的所有文件，如图 5-44 所示。

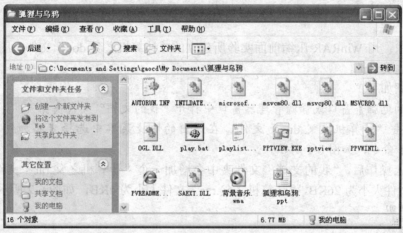

图5-44　打包后的所有文件

第6章 常用工具软件

6.1 实验一 使用 WinRAR

【实验目的】

- 掌握用 WinRAR 的启动方法。
- 掌握用 WinRAR 压缩文件的方法。
- 掌握用 WinRAR 解压缩文件的方法。

6.1.1 压缩单个文件

操作要求：用 WinRAR 压缩前面实验所建立的"计算机之父.doc"文件，压缩后的文件为"计算机之父.rar"。

操作步骤如下。

1. 在【我的电脑】窗口或资源管理器窗口中打开"我的文档"文件夹。
2. 右键单击"计算机之父.doc"文件，在弹出的快捷菜单中选择【添加到"计算机之父.rar"】命令，如图 6-1 所示。

完成以上操作后，"我的文档"文件夹中会增加一个"计算机之父.rar"文件，"计算机之父.doc"文件大小为 26KB，"计算机之父.rar"文件大小为 4KB，如图 6-2 所示。

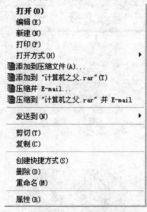

图6-1 快捷菜单

图6-2 文件压缩前后的大小比较

6.1.2 压缩一个文件夹

操作要求：用 WinRAR 压缩以前实验中"C:\实验"文件夹，压缩后的文件为"实验.rar"。

操作步骤如下。

1. 在【我的电脑】窗口或资源管理器窗口中打开 "C:\" 文件夹。
2. 右键单击 "实验" 文件夹，在弹出的快捷菜单（类似图 6-1）中选择【添加到 "实验.rar"】命令。

完成以上操作后，"C:\" 文件夹中会增加一个 "实验.rar" 文件，该文件是一个压缩包文件，该压缩包文件中，压缩了 "C:\实验" 文件夹中的所有文件和文件夹。

6.1.3　压缩到指定位置的文件（一）

操作要求：用 WinRAR 压缩前面实验所建立的 "计算机之父.doc" 文件，压缩后的文件位于 "D:\" 文件夹中，压缩包文件名为 "冯·诺依曼.rar"。

操作步骤如下。

1. 在【我的电脑】窗口或资源管理器窗口中打开 "我的文档" 文件夹。
2. 右键单击 "计算机之父.doc" 文件，在弹出的快捷菜单（见图 6-1）中选择【添加到压缩文件】命令，弹出如图 6-3 所示的【压缩文件名和参数】对话框。
3. 在【压缩文件名和参数】对话框中，在【压缩文件名】文本框中输入 "D:\冯·诺依曼.rar"。
4. 单击 确定 按钮。

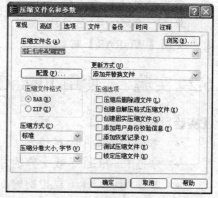

图6-3　【压缩文件名和参数】对话框

该实验也可先用默认方式把 "计算机之父.doc" 压缩到当前文件夹（"我的文档" 文件夹），然后再重命名 "计算机之父.rar" 为 "冯·诺依曼.rar"，最后再移动文件。

6.1.4　压缩到指定位置的文件（二）

操作要求：用 WinRAR 压缩前面实验所建立的 "C:\实验" 文件夹，压缩后的文件位于 "D:\" 文件夹中，压缩包文件名为 "实验文件夹.rar"。

该实验的操作步骤与上一实验类似，此处不再赘述。

6.1.5　解压缩全部文件

操作要求：把前面实验建立的 "实验文件夹.rar" 解压缩到 "D:\" 文件夹中。

操作步骤如下。

1. 在【我的电脑】窗口或资源管理器窗口中打开 "D:\" 文件夹。
2. 右键单击 "实验文件夹.rar" 文件图标，在弹出的快捷菜单中选择【解压到当前文件夹】命令。

完成以上操作后，"D:\" 文件夹中会增加一个 "实验" 文件夹，该文件夹的内容与 "C:\实验" 文件夹的内容完全相同。

6.1.6 解压缩指定文件

操作要求：把前面实验建立的"实验.rar"中的文件"作业.doc"解压缩到"D:\"文件夹中。

操作步骤如下。

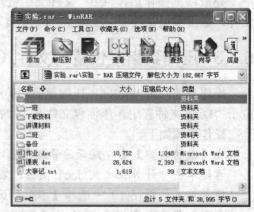

图6-4 【WinRAR】窗口

1. 在【我的电脑】窗口或资源管理器窗口中打开"C:\"文件夹。
2. 双击"实验.rar"文件图标，在弹出的【WinRAR】窗口中，双击"实验"文件夹图标，如图 6-4 所示。
3. 在【WinRAR】窗口中，选择"作业.doc"文件，单击【解压到】按钮，在弹出的对话框中选择"D:\"文件夹，并单击 确定 按钮。
4. 关闭【WinRAR】窗口。

6.2 实验二 使用 FlashGet

【实验目的】

- 掌握 FlashGet 的启动方法。
- 掌握 FlashGet 下载文件的方法。
- 掌握 FlashGet 下载控制的方法。

6.2.1 下载文件（一）

操作要求：用 FlashGet 从网页"http://typeeasy.kingsoft.com/"中下载"金山打字通 2008"软件。

操作步骤如下。

1. 在 Internet Explorer 中打开网页"http://typeeasy.kingsoft.com/"，如图 6-5 所示。

图6-5 "http://typeeasy.kingsoft.com/"网页

2. 在网页中右键单击"下载安装"图标，在弹出的快捷菜单中选择【使用快车（FlashGet）下载】命令，如图 6-6 所示，弹出如图 6-7 所示的【添加下载任务】对话框。

图6-6 快捷菜单

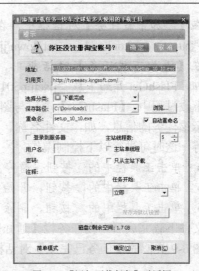

图6-7 【添加下载任务】对话框

3. 在【添加下载任务】对话框中，单击 确定(O) 按钮。FlashGet 开始下载 "setup_10_10.exe" 文件，弹出【快车（FlashGet）2.4】窗口，如图 6-8 所示。

下载完成后，在任务栏【通知区】的上方会弹出如图 6-9 所示的【任务已完成】对话框。单击【立即打开】链接，可直接打开该文件，继续安装。单击【打开目录】链接，可打开下载目录（默认的下载目录是 "C:\Downloads"）。

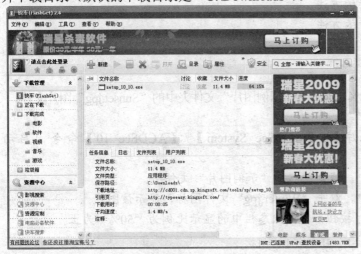

图6-8 【FlashGet】窗口

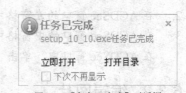

图6-9 【任务已完成】对话框

6.2.2 下载文件（二）

操作要求：下载网上的 "http://ytcnc2.onlinedown.net/down/jjsetup501.zip" 文件。

操作步骤如下。

1. 选择【开始】/【所有程序】/【快车（FlashGet）】/【启动快车（FlashGet）】命令，启动 FlashGet。

2. 在 FlashGet 窗口中，选择【文件】/【新建】命令，或单击工具栏上的 按钮，弹出如图 6-10 所示的【添加下载任务】对话框。

3. 在【添加下载任务】对话框中，在【请添加（多个）地址】列表框中的第 1 行中输入 "http://ytcnc2.onlinedown.net/down/jjsetup501.zip"。

4. 在【添加下载任务】对话框中，单击 下载(O) 按 钮，FlashGet 开始下载 "jjsetup501.zip" 文件。

下载过程中，【FlashGet】窗口与图 6-8 类似，窗口 中显示该任务的信息，如：文件名称、文件大小、文件 类型等，这时可进行以下控制操作。

- 单击工具栏中的■按钮，暂停文件的下载。
- 单击工具栏中的▶按钮，开始文件的下载。
- 单击工具栏中的✖按钮，删除下载任务。

文件下载完成后，在任务栏【通知区】的上方会弹 出与图 6-9 类似的【任务已完成】对话框。

图6-10 【添加下载任务】对话框

6.3 实验三 使用 ACDSee

【实验目的】
- 掌握 ACDSee 的启动方法。
- 掌握 ACDSee 查看图片的方法。
- 掌握 ACDSee 编辑图片的方法。
- 掌握 ACDSee 转换图片的方法。

6.3.1 查看图片

操作要求：用 ACDSee 按 50%比例查看 "示例图片" 文件夹中的 "Sunset.jpg" 图片文件。
操作步骤如下。

1. 选择【开始】/【所有程序】/【ACDSee System】/【ACDSee 10】命令，启动 ACDSee。
2. 在 ACDSee 窗口的左窗格中，找到并双击 "示例图片" 文件夹。
3. 在 ACDSee 窗口的中窗格中，双击 "Winter.jpg" 文件图标，显示该图片。
4. 在 ACDSee 窗口中，单击 🔍 按钮，直到状态栏中的显示比例为 "50%" 为止。

6.3.2 编辑图片

操作要求：用 ACDSee 在 "Sunset.jpg" 图片上添加 "夕阳无限好" 4 个隶书 41 磅大小 的白字。
操作步骤如下。

1. 启动 ACDSee，在 ACDSee 窗口的左窗格中，找到并双击 "示例图片" 文件夹。
2. 在 ACDSee 窗口的中窗格中，单击 "Sunset.jpg" 图片文件图标，单击工具栏上的 按 钮，进入图片编辑模式窗口，在【缩放比例】下拉列表框（位于窗口的右上角）中选 择 "50%"，单击【添加文本】按钮，如图 6-11 所示。

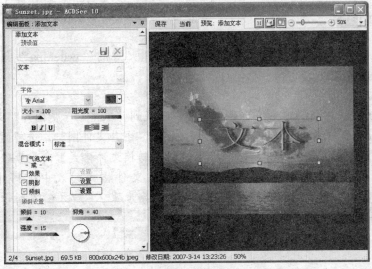

图6-11　添加文本状态

3. 在文本框中输入"夕阳无限好",在【字体】下拉列表框中选择"隶书",调整【大小】滑块,使字体大小为"41"。在【颜色】下拉列表框(字体下拉列表框的右侧)中选择白色。在图片中拖曳文本框,使其到达合适的位置。结果如图 6-12 所示。

图6-12　添加文字后的图片

4. 单击右窗格中的 完成 按钮(位于窗格的底部,需要拖曳滚动条),返回图片编辑模式窗口。

5. 在图片编辑模式窗口中单击 完成编辑 按钮,弹出如图 6-13 所示的【保存更改】对话框,单击 保存 按钮,完成图片的编辑。

图6-13　【保存更改】对话框

6.3.3 转换图片

操作要求：用 ACDSee 把"示例图片"文件夹中的"water.jpg"图片文件转换成"water.bmp"图片文件。

操作步骤如下。

1. 启动 ACDSee，在 ACDSee 窗口的左窗格中，找到并双击"示例图片"文件夹。
2. 在 ACDSee 窗口的中窗格中，单击"water.jpg"图片文件图标，选择【工具】/【转换文件格式】命令，弹出如图 6-14 所示的【批量转换文件格式】向导步骤 1。
3. 在【批量转换文件格式】向导步骤 1 中，在文件格式列表中选择【BMP】，单击 下一步(N) > 按钮，转到【批量转换文件格式】向导步骤 2，如图 6-15 所示。

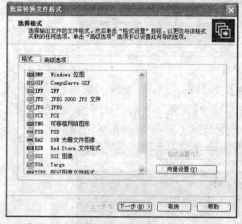

图6-14　【批量转换文件格式】向导步骤（1）

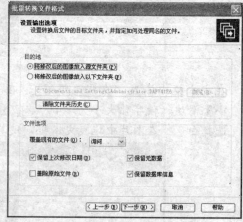

图6-15　【批量转换文件格式】向导步骤（2）

4. 在【批量转换文件格式】向导步骤 2 中，不做任何设置，单击 下一步(N) > 按钮，转到【批量转换文件格式】向导步骤 3，如图 6-16 所示。
5. 在【批量转换文件格式】向导步骤 3 中，不做任何设置，单击 开始转换(C) 按钮，转到【批量转换文件格式】向导步骤 4，如图 6-17 所示。

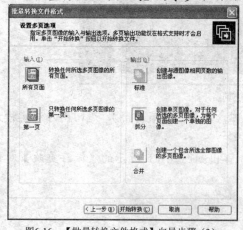

图6-16　【批量转换文件格式】向导步骤（3）

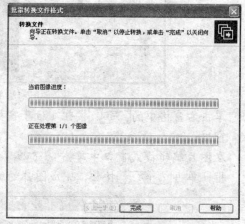

图6-17　【批量转换文件格式】向导步骤（4）

6. 在【批量转换文件格式】向导步骤 4 中，单击 完成 按钮，完成文件格式转换，在"示例图片"文件夹中，增加一个"water.bmp"图片文件。

6.4　实验四　使用 HyperSnap-DX

【实验目的】
- 掌握 HyperSnap-DX 的启动方法。
- 掌握 HyperSnap-DX 抓取桌面的方法。
- 掌握 HyperSnap-DX 抓取窗口的方法。
- 掌握 HyperSnap-DX 抓取控件的方法。
- 掌握 HyperSnap-DX 抓取按钮的方法。
- 掌握 HyperSnap-DX 抓取区域的方法。

6.4.1　启动 HyperSnap-DX

操作步骤如下。
1. 选择【开始】/【所有程序】/【HyperSnap 6】/【HyperSnap 6】命令，启动 HyperSnap。
2. 启动后，出现如图 6-18 所示的【HyperSnap 6】窗口。后面的实验都假定 HyperSnap 已经启动，不再介绍启动过程。

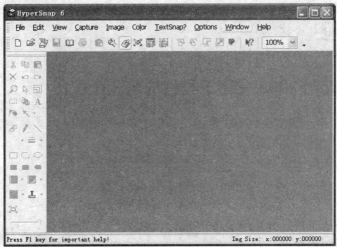

图6-18　【HyperSnap 6】窗口

6.4.2　抓取整个桌面

可以选择以下 2 种方法中的任意 1 种来抓取整个桌面。
1. 按 Ctrl+Shift+V 组合键。
2. 在【HyperSnap 6】窗口中，选择【Capture】/【Visual Desktop】命令，也可抓取整个桌面。

6.4.3　抓取计算器窗口

操作步骤如下。
1. 切换计算器窗口为当前活动窗口。
2. 按 Ctrl+Shift+A 组合键。

6.4.4 抓取 Word 2003 的【绘图】工具栏

抓取如图 6-19 所示的 Word 2003 的【绘图】工具栏。

图6-19 抓取的【绘图】工具栏

操作步骤如下。

1. 切换 Word 2003 窗口为当前活动窗口。
2. 按 Ctrl+Shift+W 组合键。
3. 光标移动到【绘图】工具栏区，待一个方框框住【绘图】工具栏时，单击鼠标。

6.4.5 抓取 Word 2003 的【打开】按钮

抓取如图 6-20 所示的 Word 2003 的【打开】按钮。

图6-20 抓取的【打开】按钮

操作步骤如下。

1. 切换 Word 2003 窗口为当前活动窗口。
2. 按 Ctrl+Shift+B 组合键。
3. 用鼠标单击【打开】按钮。

6.4.6 抓取 Word 2003 常用工具栏的前 3 个按钮

抓取如图 6-21 所示的 Word 2003 常用工具栏的前 3 个按钮。

图6-21 抓取的工具栏前 3 个按钮

操作步骤如下。

1. 切换 Word 2003 窗口为当前活动窗口。
2. 按 Ctrl+Shift+R 组合键。
3. 在抓取区域的左上角单击鼠标，再在抓取区域的右下角单击鼠标，再单击鼠标。

第7章 Internet 应用基础

7.1 实验一 用 Internet Explorer 7.0 浏览网页

【实验目的】
- 掌握浏览网页的方法。
- 掌握保存网页信息的方法。
- 掌握收藏网页的方法。

7.1.1 浏览网页——查看最近的新闻

操作要求：打开新浪网站，查看最近的新闻。

操作步骤如下。

1. 选择【开始】/【Internet Explorer】命令，启动 Internet Explorer 7.0。
2. 在 Internet Explorer 7.0 的地址栏中输入新浪网的网址 "www.sina.com.cn"，然后按 Enter 键，打开新浪网站的首页，如图 7-1 所示。应注意网页的内容随时间的不同而不同。

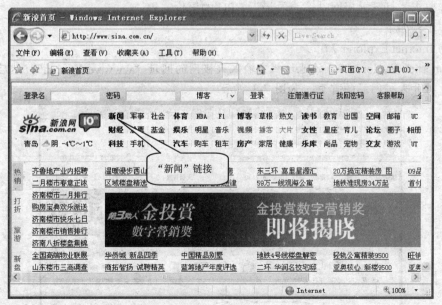

图7-1 新浪网站的首页

3. 单击网页中的 "新闻" 链接，打开新浪网站的新闻频道，如图 7-2 所示，可看到当前最新新闻的标题。

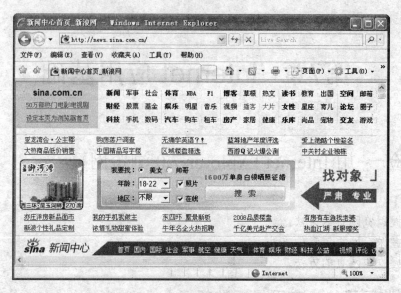

图7-2　新浪网站的新闻频道

4.　单击 1 个新闻标题，可打开 1 个窗口，窗口中显示该新闻的内容。

5.　看完窗口中的新闻后，单击窗口标题栏上的 ✕ 按钮，关闭该窗口。

6.　单击 Internet Explorer 7.0 标题栏上的 ✕ 按钮，退出 Internet Explorer 7.0。

7.1.2　浏览网页——查看最近 CPU 的报价

操作要求：打开天极网站，查看最近 CPU 的报价。

操作步骤如下。

1.　启动 Internet Explorer 7.0。

2.　在 Internet Explorer 7.0 的地址栏中输入天极网的网址 "www.yesky.com"，然后按 Enter 键，打开天极网站的首页，如图 7-3 所示。

图7-3　天极网站的首页

3. 在天极网站首页的【DIY 硬件】类中单击 "CPU" 链接, 窗口中显示有关 CPU 的市场信息, 如图 7-4 所示。

4. 看完所关心的报价后, 单击标题栏上的 按钮, 退出 Internet Explorer 7.0。

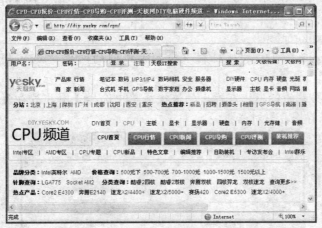

图7-4　CPU 报价信息

7.1.3　保存网站首页信息

操作要求: 保存雅虎中国网站首页所有信息到 "我的文档" 文件夹中。

操作步骤如下。

1. 启动 Internet Explorer 7.0。

2. 在 Internet Explorer 7.0 的地址栏中输入雅虎中国网站的网址 "cn.yahoo.com", 然后按 Enter 键。

3. 待网页内容全部显示完后, 选择【文件】/【另存为】命令, 弹出【保存网页】对话框, 在【保存在】下拉列表中选择【我的文档】, 如图 7-5 所示。单击 保存(S) 按钮。

图7-5　【保存网页】对话框

4. 单击 Internet Explorer 7.0 标题栏上的 按钮, 退出 Internet Explorer 7.0。

保存完成后, "我的文档" 文件夹中有 1 个 "中国雅虎首页.htm" 文件以及 1 个 "中国雅虎首页.files" 文件夹。

7.1.4 保存网页图片信息

操作要求：保存天极网站的标志到"图片收藏"文件夹中的"yesky.png"文件。

操作步骤如下。

1. 启动 Internet Explorer 7.0。
2. 在 Internet Explorer 7.0 的地址栏中输入天极网的网址"www.yesky.com"，然后按 Enter 键。
3. 右键单击天极网站的标志，在弹出的快捷菜单中选择【图片另存为】命令，弹出如图 7-6 所示的【保存图片】对话框。

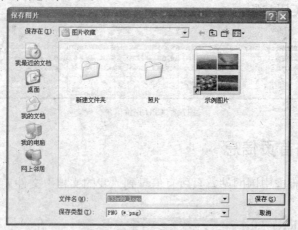

图7-6 【保存图片】对话框

4. 在【文件名】文本框中，输入"yesky"，单击 保存(S) 按钮。
5. 单击 Internet Explorer 7.0 标题栏上的 ✕ 按钮，退出 Internet Explorer 7.0。

7.1.5 收藏网页

操作要求：把雅虎中国网站添加到收藏夹。

操作步骤如下。

1. 启动 Internet Explorer 7.0。
2. 在 Internet Explorer 7.0 的地址栏中输入雅虎中国网站的网址"cn.yahoo.com"，然后按 Enter 键。
3. 选择【收藏夹】/【添加到收藏夹】命令，弹出如图 7-7 所示的【添加到收藏夹】对话框，单击 确定 按钮。

图7-7 【添加到收藏夹】对话框

4. 单击 Internet Explorer 7.0 标题栏上的 ✕ 按钮，退出 Internet Explorer 7.0。

7.2　实验二　用 Internet Explorer 7.0 网上搜索

【实验目的】
- 掌握网上搜索的方法。
- 掌握搜索条件的使用方法。

7.2.1　单关键字搜索

操作要求：在百度网站中搜索"程序设计"的相关信息。
操作步骤如下。

1. 启动 Internet Explorer 7.0。
2. 在 Internet Explorer 7.0 的地址栏中输入百度的网址"www.baidu.com"，然后按 Enter 键。
3. 在搜索关键字文本框中输入"程序设计"，单击 百度一下 按钮，搜索引擎开始搜索相关的信息，在窗口中显示搜索结果的第 1 页，如图 7-8 所示。

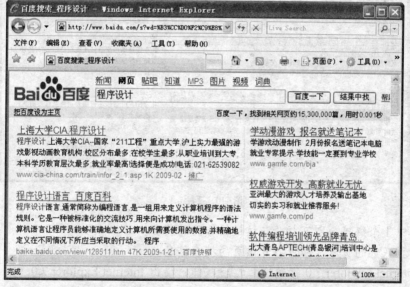

图7-8　"程序设计"搜索结果

4. 单击其中 1 个链接，即可打开与该链接相关的网页。
5. 单击网页底部的页号，如图 7-9 所示，即可打开该页的搜索信息。

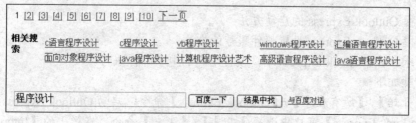

图7-9　搜索结果的页号

6. 单击 Internet Explorer 7.0 标题栏上的 ✕ 按钮，退出 Internet Explorer 7.0。

7.2.2 多关键字搜索

操作要求：在百度网站中搜索有关五笔字型的免费软件。

操作步骤如下。

1. 启动 Internet Explorer 7.0。
2. 在 Internet Explorer 7.0 的地址栏中输入百度的网址"www.baidu.com"，然后按 Enter 键。
3. 在搜索关键字文本框中输入"五笔字型 免费软件"，单击 百度一下 按钮，搜索引擎开始搜索相关的信息，在窗口中显示搜索结果的第 1 页，如图 7-10 所示。

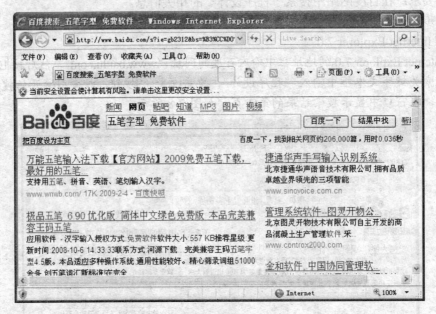

图7-10　搜索结果

4. 单击其中 1 个链接，即可打开与该链接相关的网页。
5. 单击网页底部的页号，即可打开该页的搜索信息。
6. 单击 Internet Explorer 7.0 标题栏上的 ☒ 按钮，退出 Internet Explorer 7.0。

7.3 实验三 设置 Outlook Express 账号

【实验目的】
- 掌握 Outlook Express 的启动方法。
- 掌握 Outlook Express 设置邮件账号的方法

操作要求：在 Outlook Express 中，设置用户的电子邮件账号。

操作步骤如下。

1. 选择【开始】/【所有程序】/【Outlook Express】命令，启动 Outlook Express。
2. 在【Outlook Express】窗口中选择【工具】/【账户】命令，在弹出的【Internet 账户】对话框中，切换到【邮件】选项卡，如图 7-11 所示。

图7-11　【邮件】选项卡

3. 在【邮件】选项卡中，单击 添加(A) ▶ 按钮，在弹出的菜单中选择【邮件】命令，弹出如图 7-12 所示的【Internet 连接向导】对话框。

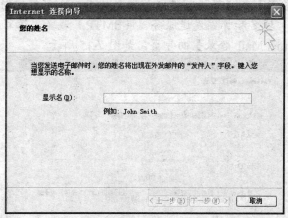

图7-12　【Internet 连接向导】对话框

4. 在【Internet 连接向导】对话框的【显示名】文本框中填写用户的姓名。填写完后，单击 下一步(N) > 按钮，进入【Internet 电子邮件地址】向导页，如图 7-13 所示。

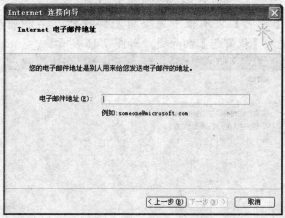

图7-13　【Internet 电子邮件地址】向导页

5. 在【电子邮件地址】文本框中填写电子邮件地址。填写完后，单击 下一步(N) > 按钮，进入【电子邮件服务器名】向导页，如图 7-14 所示。

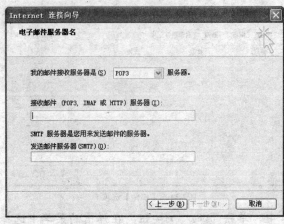

图7-14　【电子邮件服务器名】向导页

6.　在【接收邮件服务器】和【发送邮件服务器】文本框中完整填写服务商提供的邮件接收服务器（POP3）域名和邮件发送服务器（SMTP）域名。填写完后，单击 下一步(N) > 按钮，进入【Internet Mail 登录】向导页，如图 7-15 所示。

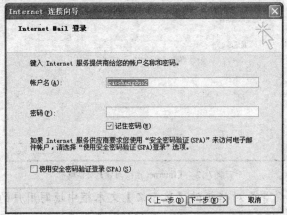

图7-15　【Internet Mail 登录】向导页

7.　在【账户名】和【密码】文本框中完整填写邮件账户名和密码。填写完后，单击 下一步(N) > 按钮，进入【祝贺您】向导页，如图 7-16 所示。

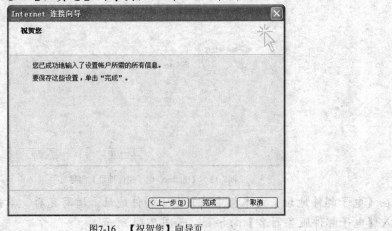

图7-16　【祝贺您】向导页

8. 在【Internet 连接向导】对话框中，单击 完成 按钮，完成邮件账号设置工作。

对于某些邮件服务器（如新浪邮件服务器），按以上设置完后，可以收邮件，但不能发邮件，需要进一步设置。

9. 在如图 7-11 所示的【邮件】选项卡中，单击新添加的账号，再单击 属性(P) 按钮，在弹出的对话框中单击【服务器】选项卡，如图 7-17 所示。

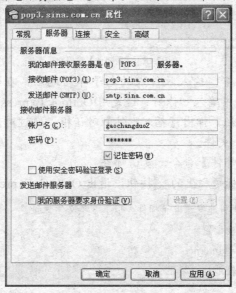

图7-17　【服务器】选项卡

10. 在【服务器】选项卡中，勾选【我的服务器要求身份验证】复选项。单击 确定 按钮，这时就可以发送邮件了。

7.4　实验四　用 Outlook Express 收发电子邮件

【实验目的】

- 掌握用 Outlook Express 撰写与发送电子邮件的方法。
- 掌握用 Outlook Express 接收与阅读电子邮件的方法。
- 掌握用 Outlook Express 回复与转发电子邮件的方法。

7.4.1　撰写与发送电子邮件

操作要求：

- 给同学发一封电子邮件。
- 标题是"问候"。
- 内容是"你好！这是用 Outlook Express 发送的邮件。"。
- 把"Windows"文件夹下的"winnt256.bmp"文件作为附件。

操作步骤如下。

1. 双击桌面上的图标，启动 Outlook Express。

2. 在【Outlook Express】窗口中，单击按钮，弹出如图 7-18 所示的【新邮件】窗口。

图7-18　【新邮件】窗口

3. 在【收件人】文本框中，输入收件人的电子邮箱地址，在【主题】文本框中，输入"问候"，在书信区域中输入"你好！这是用 Outlook Express 发送的邮件。"。

4. 单击工具栏上的 按钮，弹出【插入附件】对话框，通过对话框插入 Windows 文件夹中的 "winnt256.bmp" 文件。

5. 选择【文件】/【发送邮件】命令，发送邮件。

6. 单击 Outlook Express 标题栏上的 按钮，退出 Outlook Express。

> 需要注意的是，要顺利地发送电子邮件，以下 3 项必须保证。
> ① 邮件账户必须正确设置。
> ② 计算机必须链接到 Internet。
> ③ 收件人的电子邮箱地址必须正确。

7.4.2 接收电子邮件

操作要求：接收同学发来的邮件，阅读并下载其中的附件。

操作步骤如下。

1. 启动 Outlook Express。

2. 在【Outlook Express】窗口中，单击 按钮，接收邮件。

3. 在【收件箱－Outlook Express】窗口中，单击【文件夹列表】窗格中【本地文件夹】左边的 标志，展开【本地文件夹】，如图 7-19 所示。

图7-19　【收件箱－Outlook Express】窗口

4. 单击【本地文件夹】下的【收件箱】图标,【Outlook Express】窗口右上边的邮件列表窗格中显示收件箱中邮件的发件人和主题。

5. 单击要阅读的邮件主题,在【收件箱－Outlook Express】窗口右下边的邮件预览窗格中显示该邮件的内容,同时也显示附件中的图片。

6. 如果邮件中包含附件,在邮件预览窗格的上方会出现一个 按钮,单击该按钮,在弹出的菜单中选择【保存附件】命令,弹出如图 7-20 所示的【保存附件】对话框。

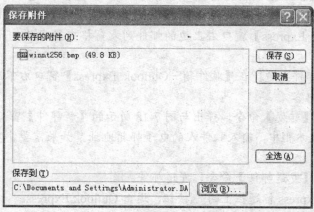

图7-20　【保存附件】对话框

7. 在【保存到】文本框中输入要保存文件夹的完整路径,或单击 浏览(B)... 按钮选择保存文件夹的完整路径,单击 保存(S) 按钮,即可保存附件。

8. 单击 Outlook Express 标题栏上的 ⊠ 按钮,退出 Outlook Express。

7.4.3　回复电子邮件

操作要求:接收到同学发来的邮件后,回复该邮件,回复内容是"收到,谢谢!"。
操作步骤如下。

1. 启动 Outlook Express,接收邮件。

2. 在【收件箱－Outlook Express】窗口中,单击【文件夹列表】窗口中【本地文件夹】左边的⊞标志,展开【本地文件夹】,单击【本地文件夹】下的【收件箱】图标,【收件箱－Outlook Express】窗口右上边的邮件列表窗格中显示收件箱中邮件的发件人和主题。

3. 单击要回复的邮件主题,在【收件箱－Outlook Express】窗口右下边的邮件预览窗格中显示该邮件的内容。

4. 选择【邮件】/【答复发件人】命令,弹出与图 7-18 所示的【新邮件】窗口类似的窗口。这时,在【收件人】文本框中已填写好了收件人的电子邮箱地址,【主题】文本框中为原主题前加"Re:"字样,书信区域中显示原信的内容,插入点光标在原信内容的前面。

5. 在书信区域中输入"收到,谢谢!"。

6. 选择【文件】/【发送邮件】命令,即可发送邮件。

7. 单击 Outlook Express 标题栏上的 ⊠ 按钮,退出 Outlook Express。

7.4.4　转发电子邮件

操作要求：接收到同学发来的邮件后，把该邮件转发给另外一个同学。

操作步骤如下。

1.　启动 Outlook Express，接收邮件。

2.　在【收件箱－Outlook Express】窗口中，单击【文件夹列表】窗格中【本地文件夹】左边的⊞标志，展开【本地文件夹】，单击【本地文件夹】下的【收件箱】图标，【收件箱－Outlook Express】窗口右上边的邮件列表窗格中显示收件箱中邮件的发件人和主题。

3.　单击要转发的邮件主题，在【收件箱－Outlook Express】窗口右下边的邮件预览窗格中显示该邮件的内容。

4.　选择【邮件】/【转发】命令，弹出与图 7-18 所示的【新邮件】窗口类似的窗口。

5.　在【收件人】文本框中，输入收件人的电子邮箱地址。如果需要，在书信区域中输入相应的内容。

6.　选择【文件】/【发送邮件】命令，发送邮件。

7.　单击 Outlook Express 标题栏上的 ✕ 按钮，退出 Outlook Express。